凡你們所做的都要憑愛心而做。

(哥林多前書十六章14節)

Let all that you do be done in love.

(Corinthians 16:14)

目錄

主題四 | 我要養佢一世？

推薦序一

根據教育局的統計，2023 至 2024 年度在主流學校就讀的融合生，總數已達至 64,220 名，而在九個有特殊教育需要的類別中，有特殊學習障礙的學生共有 26,960 名，在融合學生總數目中佔最大部分。

經評估後，這批學生的數目，每年亦逐漸增多。 在 2021 至 2022 年有 24,040 名；2022 至 2023 年有 25,140 名；2023 至 2024 年有 26,960 名。

隨著融合教育發展，進入大學的有特殊教育需要學生，數目也越來越多。我也曾接觸有特殊學習障礙的學生，他們的個別需要不盡相同，需要支援的程度也有異。

學生入學前若告知大學其殘疾類別及特殊教育需要，大學的特殊教育支援組別及授課教師，均會提供學習調適安排及情緒支援，讓他們有信心地適應學習生活。這些同學要學習成功，過程著實並不容易。

聽這些同學分享，便知道他們年幼時在學習上遇到很多困難，尤其是閱讀困難又緩慢，寫字時經常拼錯字詞等，讓他們感到沮喪及無奈，自我形象低落，甚至感到自卑。但很多同學也告訴我，感恩很多老師了解到他們的困難，並作出支援。可惜並非每位同學都這樣幸運，得到適切的支持及關愛。我們希望教師不要放棄任何一個學生，能夠不斷鼓勵及支持他們，並給予額外的指導和練習。我也希望學生的家人同樣給予支持及鼓勵，提升孩子的自信心，讓孩子相信自己的能力，才有機會發展及展現才能。

我誠意推薦這本書，透過 Twiggy 的自述，讓我們明白讀寫困難的孩子決不是笨笨。書中每章的經歷及啟示，都能為教師、家長及社會人士帶來希望和指引，理解到孩子面臨的困難，明白到可以怎樣支援他們，讓孩子健康成長。

冼權鋒教授 MH

香港教育大學特殊需要與融合教育研究所執行所長

推薦序二

這是一本有關讀寫障礙的書，作者之一陳卓琪 (Twiggy) 透過文字，分享自己如何面對學習上及情緒上的困擾及挑戰！讀寫障礙雖然令她容易氣餒，但也令她明白要下更多苦功及努力，才能朝目標邁進！

Twiggy 描述家人及老師以接納、鼓勵、用心引領及包容體諒的態度與她並肩作戰，讓她在學術中重拾自信，沒有讓讀寫障礙埋沒了她的才華。

篇章中有幾位年青人的對談，細閱到他們面對學業上的挫敗、成長中的艱澀、徘徊於停滯不前的人生路途上時，你會為之心痛。讀到他們在家人及師長的不離不棄、無限的鼓勵與支持下，令他們在多番折騰中找到隨心方向及夢想，奮鬥而獲得非一般的成績時，你會為之感動。

字裡行間展示的，不單是他們的成就，更隱含著關愛、體諒及伴隨他們成長的父母與師長的非凡力量！

在此多謝 Twiggy 撰寫這書，讓讀者明白讀寫障礙孩子的需要。讓更多家長、教師及社會人士能夠了解及找到支援技巧及方向。我誠意向大家推薦這本好書。

陳淑明

資深教育心理學家

推薦序三

認識 Twiggy，是在一個委員會的會議上。雖然會議有三十多人參與，但奇妙的是，每趟開會她總是坐在我附近。我笑稱她就像是我的同班同學，也是與會中較年輕的。

開始留意她，是因為她的發言：謙遜中肯，句句有力。會後交換名片，知道她獨力經營一所專為讀寫障礙孩子提供訓練的博雅思教育中心 (Boaz International Education Institute)，立刻約了這樣有夢想且努力實踐的有心人見面。

就是這樣，我們成了午餐飯局的好友。在午餐上，我們會分享經營社企的種種難處與出路，也會談談彼此的家庭近況。每聽到她訴說在中心碰見的例子，還有她親身經歷怎樣克服個人讀寫障礙至把自身的經驗結合學術，創辦了博雅思教育中心等等的故事，作為寫作人，便覺得這樣有血有淚的香港故事，一定可以給面對讀寫障礙孩子「不知如何是好」的家長，帶來很大的鼓舞。於是，大力慫恿她把個人的經歷及從中學會教育的秘訣出版成書，讓更多人受惠。

如今，喜見書已編成。在翻讀的時候，重溫 Twiggy 口中學習的血淚史，如幼稚園上學時大哭大鬧，因為學習能力比同齡孩子遲緩，會寫「鏡面字」，即使簡單的抄寫也不能應付。

更感動的是，讀到她媽媽口述怎樣教養與栽培這名「改寫了一生」的大女兒，其中最重要的秘訣就是：愛心與忍耐，相信 Twiggy 媽媽的分享，也能引發很多家長的共鳴。

這個晚上，邊細讀 Twiggy 媽媽怎樣幫助女兒在文字森林中，出盡辦法為女兒的寫作找到出路。不過最讓我深深感動的，是她對女兒說的這句叮嚀：「你唔需要太介懷成績，我唔使你考試攞一百分，只要你理解到書裡面嘅道理，有一份善良嘅心，無論妳將來做乜嘢，妳都係我所愛嘅女兒。」

是的，無論怎樣，你都是我所愛的女兒，這就是媽媽的愛。深信女兒也是深刻感受到母親的愛護和鼓勵，讓她義無反顧地追求夢想，直至今天有這樣的「成就」(Twiggy 拿了不少獎項呢！)。

在此，深願這本滿載著愛與親情，還有充滿睿智實踐的好書，能為徘徊十字路口不知何去何從的家長們，打了一支有力的「強心針」。也盼望這本深深感動與啟發我的書，能更深深感動與啟發你啊！

羅乃萱

家庭發展基金總幹事

我懷疑我孩子有讀寫障礙……

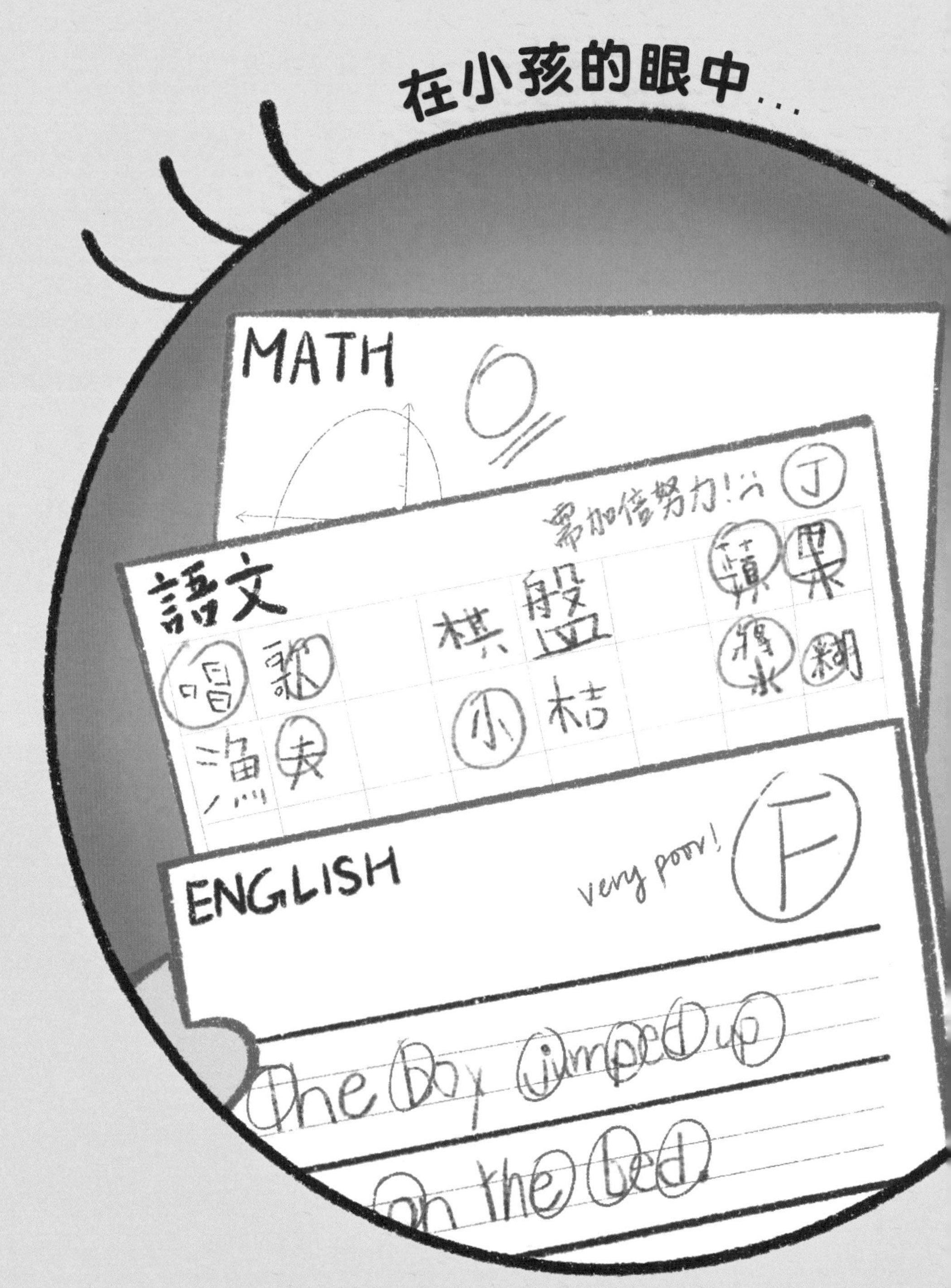

孩子讀書成績好差喎……

第一章

我孩子有讀寫障礙嗎？

- 用了很多方法，我孩子仍然默不到字？
- 我孩子經常寫鏡面字？
- 我孩子不能認讀常見的字？
- 我孩子經常抄多或抄少筆劃？

Twiggy（陳卓琪）的故事

負面情緒把童年的我淹沒了

翻開小時候的相簿，很難才找到自己歡笑的面容。大部分照片都眉頭緊皺，如今看起來都覺得有些心酸。本應是樂也融融的童年，是甚麼讓照片中的我看來如此「愁雲慘霧」？

我的一位「好朋友」

看著看著，我想起了一些不愉快的片段。老師把我標籤為「問題學生」、每天上學前我都以淚洗面、改正到「溶溶爛爛」的工作紙……等等。說到這裡，我得介紹一位多年來與我形影不離的朋友 — 讀寫障礙。或許「它」正是我成長期憂傷的源頭。

因為「它」，很多同齡小朋友輕易做到的事，我都要花上數倍，甚至數十倍的努力；因為「它」，我童年的日常無時無刻都感到非常吃力，恐懼和壓力揮之不去。就以穿衣服來說，對我已經十分繁複。由套袖子、扣鈕、拉拉鍊到結領呔，每個部份、每個步驟都讓我困惑。

不聽話的一雙手

原來把鈕扣和對應的鈕洞連接真的很困難，就算我成功把兩者連接，我也無法協調手指與手指之間的力度和角度，把鈕擠進鈕洞。

讀幼稚園高年級時，每個學期都有自理能力的測試，老師限時要我們把有三顆鈕扣的背心穿好、扣好。記得有次全班同學都完成了，但我仍然努力把鈕往鈕洞擠。老師唯有說：「算啦，你唔好整啦！」難聽一點，就是無奈的放棄我了。我很想跟老師說，我已經盡力了，但就是做不到。

拉拉鍊時，我們都知道要把右邊部分拉鍊頭插進左方的拉鍊卡位，才能在往上拉時拉得暢順。對我來說這又是個很難完成的動作，因為「對準卡位」是要靠手眼的協調，我又做不到。

左穿右插如墜進迷宮

生活自理的細節很多時和手指協調有關，扣鈕、拉拉鍊如是，結領呔、縛鞋帶何嘗不是。

我的小學校服需要結領呔，每天早上，我要把這條小小的布條掛在頸上，在胸口前弄成圓圈，穿過來、翻過去，再向左、又向右，很複雜啊。我就像掉進了迷宮小羔羊，轉來轉去也不知道如何走往終點。

每天走出迷宮的「活動」還有綁鞋帶。小三那年，我仍然未找到這迷宮的出口。或許綁鞋帶對我來說有太多步驟了。要先弄蝴蝶翅膀？還是先弄個洞？先把鞋帶拉到右邊？才拉到左邊？向哪個方向穿過去？穿過去後又怎樣再穿回來？腦子像是台過熱的機器，無法負荷如此繁複的過程。

每次出門，家人早早穿好鞋子準備出發，我卻總是和那兩根小鞋帶作沒完沒了的「搏鬥」。那時便傳來媽媽的聲音：「綁唔好妳就唔好去啦！」我的腦袋本來已經過熱，再加她的聲音更霎時停轉。

是我不願意學嗎？還是我太懶了？都不是，我唯一的解釋是，我真的學不會。

記得有次中秋節，同學們都十分期待，對我而言卻非那麼一回事。學校的勞作課要我們先設計燈籠圖案，再用剪刀剪成各式各樣的燈籠。我一隻手拿著圖案紙，依照圖案形狀轉彎，再配合另一隻拿著剪刀的手一刀刀剪下去。這勞作又再要求雙手有高度的配合，最後我唯有把圖案紙拿回家，成為姑媽的「作品」。

被負面情緒淹沒的童年

又如每星期的默書，合格幾乎是不可能的任務。我努力溫習後，若老師把其中部份抽出來默，對我來說次序不一樣，框架便不一樣了，我便很難寫出正確的字詞。即或是抄寫，我也覺得如同搬水泥一樣沉重，抄漏字、抄錯字、調轉寫是常態。重寫、重做，以至擦至「穿窿」的練習紙又是我不愉快的回憶。

從幼稚園到小三，每天我幾乎都是哭著出門上學。抱著嫲嫲的腿不放，哭到上氣不接下氣，甚至嘔吐。經歷了一整天極不愉快的學校生活，放學後還要補習，繼續面對自己無法完成的難題。

到了很辛苦很惱火的時候，我會把鉛筆掰斷，甚至把頭髮連頭皮都拔了出來，很痛、很生氣，也很傷心。各種負面情緒如同大海，淹沒童年小小的我，怎樣用力都浮不出水面。因此童年對我來說，就猶如被丟在茫茫大海裡拼命呼吸掙扎，不斷呼救，但卻游不到岸邊。

Twiggy母親岑燕華感言

「愛心」和「忍耐」的回報

命運有時就是如此有趣，上天既賜給我一個品學兼優的小女兒，又巧妙的給予一個改寫了我一生的大女兒。兩個截然不同的孩子，讓我明白，「愛心」和「忍耐」是劃上等號的。

從未嘗過「Happy School」滋味

大女兒 Twiggy 小時候經常對陌生的環境產生恐懼，在安排她求學之路時，我替她報讀在家附近的幼稚園，開學前又特地帶她視察校園環境，為她打下「強心針」。

開學當日，Twiggy 仍然大哭大鬧，抱緊嫲嫲的腳不肯上學。幾經辛苦，雖然「勉強」能夠過著幼稚園的學習生活，但她每晚在家做功課時，都流露出難以言喻的痛苦眼神。

我漸漸發現，Twiggy 的學習能力較其他同齡的孩子遲緩，即使簡單的抄寫她都有困難，我要捉住她的手一筆一劃地「陪寫」才能完成。

為了減輕功課壓力，讓Twiggy享受學習及校園生活，不久我讓她轉校去了一間「Happy School」。可惜情況仍然沒有多大改善，經常會寫鏡面字，把字上下調轉寫等等，直至升上小學後仍然如此。

「要搵到合適嘅方法」

Twiggy 異於他人的狀況，讓我的內心焦急、難受。但我知道，每個孩子都有他的強項，只要找到合適的方法，便能夠激發出內在潛力。

在陪伴 Twiggy 溫習期間，我發現學校很多功課都是抄寫，例如同一個字要抄差不多一百次！我不禁問：「抄寫係咪可以幫到佢學習？學習係要明白書中嘅道理，點解學生好似打字機咁，不斷將同一個句子複製？」

雖然我知道這種教育方式不適合 Twiggy，無奈我無法改變教育制度，唯有從家庭出發。我經常告訴她：「你唔需要太介懷成績，我唔使你考試攞一百分，只要你理解到書裡面嘅道理，有善良嘅心，無論妳將來做乜嘢，妳都係我所愛嘅女兒。」

用彈性機制建立學習信心

比 Twiggy 年幼兩歲的妹妹則截然不同。她自小考進名校，沒有我的幫助她每次也能夠考到前十名，連 Twiggy 不懂的功課，她也可以幫 Twiggy 完成。

這種差異並沒有令我偏袒任何一方，反而時刻提醒自己，孩子之間並沒有優劣之分，他們都是獨立個體，有著獨立的個性，父母要公平對待子女。

唱反調下的「獨行」堅持

除了陪伴 Twiggy 學習，我對她的情緒管理也十分嚴謹，可惜我這個教女方式卻不被其他家人接納。

記得每當 Twiggy 無故發脾氣時，我會要求她回房冷靜、反思，直至情緒平復才與她解決問題。但我這個教育方式卻被家人誤解，有時候會質疑我的做法：「Twiggy 仲細，使乜咁惡對佢，大個咗就自然明事理。」

他們唱的反調令我很難受和無奈，但我自問是向前想多一步，我並非不疼愛 Twiggy，而是若只曉得呵護她、保護她，以後她的人生會怎麼樣？如何面對社會的挑戰？家人有時候的不理解，換來只有自己「獨行」堅持。

如果你問我：「照顧佢哋兩姊妹有咩感受？」我坦白說：「可以選擇，我寧願兩個孩子變成『一個半』，減輕一半嘅負擔都好啊！」

最「難捱」的日子已經過去，今天我以過來人的經歷提醒身邊的朋友，要不斷調整自己的心理預期，「成績至上」的價值觀並非唯一的標準。無論孩子的未來如何，父母都要以愛心和忍耐教導他們，成為善良的人。

Miss Chan (陳卓琪) 有話說……

家長經常會問：「我孩子有讀寫障礙嗎？」以下有個簡單的檢查表，家長可以替孩子做一做！如果孩子符合了幾項學習困難，可以掃瞄右面的二維碼，約時間做個學科或診斷性評估，深入了解多一點孩子在學科上的需要！

檢查表	有	沒有
不能認讀常見的字		
經常讀錯字		
混淆近形、近音的字		
不能理解句子內容		
抄漏字或寫多寫少筆劃		
經常寫鏡面字或部首、部件調轉寫		
漏寫或錯誤運用標點符號		
作文時思維組織紊亂		
重組句子或排句成段時有困難		
做數學文字題有困難		
難以跟隨一連串的指示		
記人名或地名感到困難		

甚麼是學科評估？

讀寫障礙學科評估並不是診斷性評估，但它可以判斷孩子在不同學科 （例如，中文、英文和數學）上實際的學習能力，及辨識到孩子的學習需要。例如分析孩子為甚麼在做閱讀理解上有困難，是認字的困難？理解文章內容的困難？還是答題的困難？測試亦會先分析孩子現在運用的學習技巧，例如串字方面，辨識孩子缺乏的串字技巧，從而找出正確的介入點，為孩子引入適合他們的讀寫訓練及學習技巧，讓他們成為自主的學習者。

我孩子證實有讀寫障礙......

我要帶佢去做吓評估……

在父母的眼中…

第二章

我如何證實我孩子有讀寫障礙及告訴家人？

- 我可以找誰幫我孩子做評估？
- 我孩子可以做甚麼評估？
- 做完評估後有甚麼作用？
- 學校是否會承認診斷結果及作出調適？

Twiggy（陳卓琪）的故事

一切從再了解自己「真面目」的評估開始

「愉快學習」在我中學畢業前差不多沒有出現過，「滿江紅」的成績表，對我而言已經習以為常，憂心、害怕的感覺亦逐漸麻木。直至中五會考前，這種異常的情況出現了轉變。雖然不能夠說是個解決，但是明朗化了，因為我清楚了我的「真面目」。

努力了，又怎樣呢？

中五校內模擬會考當然十分重要，我貫徹認真刻苦的學習態度。每天很早就起床溫習，放了學也複習，每夜溫習到很晚才睡覺，第二天再重複這個過程，臨急抱佛腳絕不在我的字典內。

漫長準備後我完成七科考試，怎料換來的卻是評級中最差的一等 — 七個「U」。努力後得不到回報和收獲，我完全不可以接受，但卻沒有辦法。這是公開考試，我可能無法繼續學業和無法進入 A-level 及大學，我跑到學校旁的小樹林大哭一場。

從評估中「了解」我

雖然沮喪到極點，但我還是要收拾心情，堅持完成最後一科體育考試。考試後老師看過我的手寫答卷，發現答案混亂不堪，但他以口問方式再考我，結果我幾乎全答對了。儘管如此，我的體育科仍難逃考得「U」的命運。

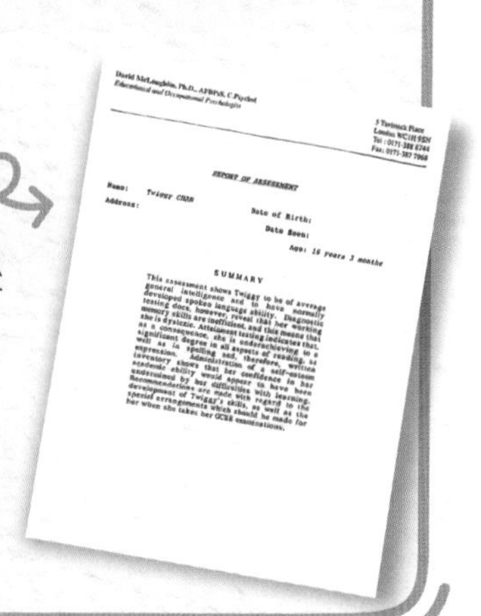
David McLoughlin, Ph.D., AFBPsS, C.Psychol
Educational and Occupational Psychologist

5 Tavistock Place
London WC1H 9SN
Tel : 0171-388 8744
Fax: 0171-387 7968

REPORT OF ASSESSMENT

Name: Twiggy CHAN
Address:
Date of Birth:
Date Seen:
Age: 16 years 3 months

SUMMARY

This assessment shows Twiggy to be of average general intelligence and to have normally developed spoken language ability. Diagnostic testing does, however, reveal that her working memory skills are inefficient, and this means that she is dyslexic. Attainment testing indicates that, as a consequence, she is underachieving to a significant degree in all aspects of reading, as well as in spelling and, therefore, written expression. Administration of a self-esteem inventory shows that her confidence in her academic ability would appear to have been undermined by her difficulties with learning. Recommendations are made with regard to the development of Twiggy's skills, as well as the special arrangements which should be made for her when she takes her GCSE examinations.

Twiggy的診斷報告

這個情況引起了老師的注意，為甚麼口頭答對了，但是手寫答案卻如此糟糕？加上老師從舍監得知我是個十分勤奮的學生，就更加讓他不解。和校長等商討後，學校為我安排做評估。

他們並沒有告訴我是甚麼評估，只是說要「了解」我。我記得在三、四小時的評估中，我要做智力測試、記字、讀字等，但我沒有緊張的感覺，只是跟著指示做，完成後他們也沒有透露甚麼。

「妳有讀寫障礙」

數星期後的一個星期六早上，我收到媽媽從香港打來的長途電話。我們就像平常一樣閒聊近況，然後她對我說：「學校寄咗妳同教育心理學家做嘅評估，顯示妳有讀寫障礙。」

媽媽的語氣並不嚴肅，感覺就像告知我有這樣一件事情。她又說，針對這個情況，學校會有新的學習安排。我不了解甚麼是讀寫障礙，所以沒有特別感覺，只是回應了一句：「好吧」。

不想自己成為另類

之後我細想，如果我要上特別的課，那是否表示我有問題？當時班上有些怪怪的同學也被抽調出來，那我是否和他們一樣？想到這裡我就擔憂了。老師很快便跟我解釋讀寫障礙是怎麼一回事，然後告訴我，每星期我有兩堂以一對二或一對一的形式上課。

老師跟我解釋時，我每個字都聽得清清楚楚，但是靈魂像是被抽離了，不能夠太消化及接受這個情況。我想，我對讀寫障礙及特殊上課安排最大的恐懼，是不想自己成為另類。

幸好情況並沒有我想像的那麼嚴重，只是上英文課我才被抽出來，其他科目我也是和大夥兒一起學習，直到會考前都是這樣。

高中時我不希望成為同學中的另類，到了初出社會工作時，我仍然不想有「讀寫障礙」這個標籤，因為這標籤似乎預示著我比別人差、比別人低一級。

「你是否有讀寫障礙的講者？」

記得在我讀第二個碩士學位時，教授找我到不同講座分享讀寫障礙。一天有位學生家長在地鐵上認出我，她跟我說：「陳老師，你係唔係嗰位分享自己有讀寫障礙嘅講者？」

那刻我感到很不自在，或者說有些難堪。繼而發現，我很介意自己和「讀寫障礙」掛鉤，我因此暫停出席這些講座。

讀畢碩士課程後，我到一所國際學校任教，那時我仍然不太喜歡提及自己有讀寫障礙。有次和同事閒聊，提到希望開設一所幫助有讀寫障礙學生的學校。

同事聽到後十分驚訝，表示認識我那麼久，完全察覺不到我有讀寫障礙，並且問，我有兩個碩士學位，為何還要隱瞞自己有讀寫障礙？我認真思考後猛然醒悟，他說得很對。

自此之後，我恢復再做分享，不同的是，我漸漸放下了對讀寫障礙的標籤。

Twiggy母親岑燕華感言

讀寫障礙＝低能？ NO WAY！

Twiggy 一直都很努力讀書，但我卻有個難以化解的困惑，就是想不通這個素來自律及有上進心的女兒，為何成績始終難有起色？直至我收到一封英國寄宿學校寄來的評估報告，細閱內容，才解開我多年的心結，重新認識女兒。

「讀寫障礙係咩嚟㗎？」

就讀英國寄宿學校一段時間後，Twiggy 的老師發現，她運動、工藝的能力都不比其他學生差，唯獨涉及讀寫的科目卻不濟。為了找出根源，學校詢問我是否同意為她進行學習評估，了解甚麼阻礙了她的學習，我當然同意。

評估後的一個月，我收到英國寄來的評估報告，內容很多都是難以理解的專用字。當時網絡還未普及，我花上大量時間查閱字典，最後對於內容仍然一知半解。

最常出現但卻無法理解的字是「dyslexia」。記得當時查了字典，知道此字的中文意思是「讀寫障礙」，但仍然不明所以：「讀寫障礙係咩嚟㗎？」在我人生中這是第一次接觸這名詞，「讀寫障礙」在當年還未被廣泛關注及認識，困惑的我只好不斷「問人找書」尋答案。

皇天不負有心人，經過多番查考，終於知道有讀寫障礙的人，其腦部結構及功能有先天性的異常，尤其用有別於常人的腦部位置來處理文字，因此往往無法有效地處理閱讀和書寫。但這狀況與智商高低沒有直接關係，絕非俗稱的「低能」，甚至部份讀寫障礙的人是資優生。

知悉 Twiggy 學習困難的原因，雖然內心頓然難受，要用上不少時間消化，但我沒有對她失望，我深信只要找到適切的方法，她必然能夠走出這個困局。

「讀寫障礙唔係等於低能！」

平復心情後，我接著要思考怎樣將 Twiggy 的情況告訴丈夫。當年大部份人對「讀寫障礙」的認識不多，動輒以「低能」、「智障」形容他們。為了向他說清楚，我將專業人士的看法和相關書籍的解釋告訴他。

丈夫聽後衝口而出：「咁咪即係低能囉！我係咪要養佢一世？讀唔讀到大學? 搵唔搵到野做？」我冷靜地回應：「讀寫障礙唔係等於低能，佢哋只係喺閱讀同書寫上有困難，用低能定義佢哋並唔恰當！」經過詳細的說明，丈夫開始了解 Twiggy 的情況，但對這個突如其來的消息，他也用了很長時間才逐漸接受。

以平常心應對

幫助 Twiggy 克服讀寫障礙是場持久戰，過程中必然會遇到不明白的人冷言標籤。我的處理方式是「無需理會」，以平常心去應對。想像「讀寫障礙」類似高血壓、糖尿病這些「避無可避」的病患，只要維持正面的態度，慢慢便會出現轉機。

話得說回來，身為母親的我當時遠在香港，無法從旁陪伴及幫助 Twiggy，內心的確滿是焦慮和無助。感恩當時有位前同事定居英國，成為了我和寄宿學校之間的聯絡及溝通橋樑。在他協助下，不但找到適合 Twiggy 的學習模式，讓我更明白她的處境，至今我仍然萬分感激這位舊同事的恩情。

出外靠朋友，只要我們肯打開心扉，態度積極正面，總有願意同行的天使在身旁。

Miss Chan (陳卓琪) 有話說……

我孩子需要做診斷性評估嗎？

若果有以下的情況，孩子可以做診斷性評估：

- 老師建議孩子做診斷性評估
- 孩子努力溫習後，兩科或三科主科仍然不合格
- 有第一章檢查表 (P. 17) 多個徵狀，並嚴重影響孩子的學習及情緒
- 完成學科評估後，專業人士建議做診斷性評估，再進一步了解孩子的學習情況

教育心理學家評估

這類評估只能由註冊的教育心理學家進行，內容有六部分，包括語音意識、語音檢索、語文記憶、字形結構意識、語素意識及語言理解等，以診斷孩子是否有讀寫障礙。

智力評估

智力評估結果一定要在**正常或以上**才可以進行讀寫障礙評估

讀寫障礙評估

這個評估一定要用母語進行。建議小一最後的學段才進行，讓孩子先渡過小一適應期。評估後，心理學家會與家長面談講解評估結果。如果孩子診斷有讀寫障礙，家長可以把診斷報告交予學校，讓學校在功課、默書、測驗及考試等都作調適。

第三章

我如何揀選適合我孩子的學校？

- 我應否讓我孩子申請留班？
- 我應否替我孩子轉學校？
- 我是否應該把診斷結果告訴學校？
- 如何跟學校申請調適？

Twiggy（陳卓琪）的故事

轉校讓我體會學校的「多樣化」

我讀過兩間小學。因為學業追不上，在小三下學年，媽媽替我轉讀了一間功課較少的學校。也正因為轉學，以及後來遠赴英國讀中學及專上院校，讓我體會到學校的教學環境對學生有多麼大的影響。

首嘗學習滿足感

早在讀幼稚園時，我已經不喜歡上學，到了小學時就更愈發嚴重。每天上學前無一例外地大哭，扯自己頭髮，甚至嘔吐。媽媽曾經帶我去看醫生，但檢查不到甚麼，也就是說我的不適是心理因素形成的。

我小一讀的學校校風很好，但並不適合我。學校每天的功課像排山倒海，即使我回家後用盡所有時間和力氣，做不完也做不好功課。老師們也不太關心學生學業以外的情況，只要讀好書、乖乖的就可以了。

因為學習的困難，媽媽在我小三下學期便替我轉校。新校的功課雖然較少，但測驗和默書卻多了，所以我仍然面對不少困難。但在那裡我卻遇上了學習的轉捩點，讀小四時我進入田徑校隊。

在體育中得到滿足和認同感，大大減少了我對上學的恐懼。我開始期待每天的學校時光，更重要的是在校隊裡，我第一次感受到自我價值。

有次體育老師要把同學的照片貼在一本冊子上，再逐一寫上名字，編成類似照片冊。這個責任本來是由班長負責的，但不知為甚麼老師指派了我完成。儘管這並非甚麼重大責任，但我感到前所未有的滿足。

可惜我的學業依然沒有起息，小五那年媽媽便讓我留班一年。重讀的第一個學期我的確輕鬆一些，甚至因為有些科目合格而有成功感，慢慢增強了自信心。正因為重拾了一點自信，我對下個學期抱著積極的態度。可是我始終還未找到適合的學習方法，當課程越發艱深時，我仍然覺得困難重重。

親切關懷的學習環境

規模和排名，並非衡量學校水平的唯一標準。就像我到英國讀中學的寄宿學校，它規模不大，一個年級只有一班，每班二十五人以下，老師和舍監都記得我的名字。

當我遇到困難時，老師和舍監會安排課堂外的時間和我見面，聆聽我遇到的困局。每次老師開會都會邀請舍監參與，了解課堂外我的狀況及感受。由此看到，老師及舍監很願意為學生多行一步。

就是因為這個親切的學習環境，我才會在後來的考試上被老師發現需要做讀寫障礙評估，從而知道我有讀寫障礙。所以對我來說，除了注重學業成績，老師有沒有「關愛」亦是十分重要。

除了關係較親密，英國的學校亦給予學生很多探索機會。例如我們每年都有籌款活動，學生要想辦法籌款。記得在活動中曾經出任統籌及執行的崗位，透過洗車，聯同其他香港學生體會到課堂以外的學習。我又曾經組織香港學生，籌備農曆新年晚餐給外地師生，介紹華人過新年的習俗，交流不同文化。

提供元化體會及出路

所以觀察一間學校怎樣組織課外活動，也可以得知那間學校的風格。有些學校會用盡課餘時間作課業補習，有的卻會安排學生從事各種手工、勞作，甚至出外了解動植物的生態等等。多元化的體會及嘗試，會讓有讀寫障礙的學生有更大的學習動力。

要衡量一間學校是否適合有學習困難的學生，還可以了解學校有沒有多元化的課程。例如不單有 A Level，還有 BTEC (Business & Technology Education Council，即英國商業與技術教育委員會） 等其他課程。好處是學校可以根據學生適合的學習模式去選擇課程，即使學生考試失敗，也可以找到適合他們的其他出路。

沒有必要的話，沒有人想轉校。但是在我的經歷中，轉校反而讓我認識更多，讓我反思到何謂適合自己的學校，適合自己的學習模式及老師，這些都是非常珍貴的觀察和經驗。

Twiggy母親岑燕華感言

比成績、排名更重要的選校策略

為有學習障礙的孩子挑選適合的學校，往往是家長的煩惱。選擇以學業為主的學校，會擔心孩子能否應付到沉重的功課壓力；選擇較多元化的學校，又會擔心孩子將來的升學問題。

為練田徑重拾返校熱情

Twiggy 小學時讀的兩間學校，都以學業優先。尤其初小那間，每天有做不完的功課及定期的默書及測驗。她疲於奔命的應付，漸漸她感到沮喪還抗拒上學，更對學習失去信心和興趣。

每次我跟老師交談時，老師只會叫我多督促 Twiggy 學習她才會進步，我何嘗不知呢？可是我知道孩子已經盡了最大的努力，她需要的是學習方法並非無止境的操練。

這種教育方式不是我期望的，小三下學期我便另覓較適合 Twiggy 的學校。我希望新校不會有大量「死抄硬背」的功課，希望學校有多元活潑的教學模式，能夠提升她的學習興趣，老師也會包容學習能力較差的學生。

Twiggy 轉到新學校後，雖然成績仍然追不上，但老師都很體貼，鼓勵她發掘自己的長處，令她找到對體育的興趣。記得有次即使她的腳受了傷，但為了田徑比賽，仍然堅持每早回校練習。看到她重拾返校的熱情，我感恩轉校的決定。

由於成績實在追不上，我主動向學校申請 Twiggy 在小五留班，希望打好她的基礎，因為勉強升級會再次擊潰她的信心。升上小六後她將面臨呈分試，若考試成績欠佳會影響她升中選校的機會。當然我也有顧慮，因為留班代表她要再適應新同學，要面對社交的挑戰等等。與她詳談後，最終她也同意這個決定。

選擇有「家」的感覺的學校

在小六畢業後，我便送 Twiggy 兩姊妹到英國讀書。我小心為她們選校，出席了在香港舉行的英國中學升學展，與參展的學校校長交流，又向在彼邦讀書的學生家長「取經」。

我首先關注的並非校舍的大小，而是孩子在那裡學習的情況，因為校舍只是學習的其中需求，校舍大一些、美觀一些，以至孩子的學習沒有必然關係。但教育理念、老師的教學方式，以致孩子能否融入學校及當地的生活等等，才是學習的關鍵。

我選擇了一所學生人數不多，有點「家」的感覺的學校。話雖如此，但當初我的確擔心 Twiggy 能否適應當地的教學環境。原來學校也關注到這點，所以他們會按學生的英文水平分班，幫助他們融入全英語的教學模式。由於每班只有二十多個學生，老師較容易照顧到個別學生的需要。

讓我震撼的年度學習報告

更難得的是該校校長每年來香港三次與家長見面，親自反映孩子的情況，聆聽及解答家長的問題。我記得每次當我跟校長交談時，雖然學生眾多，但無論在學習、住宿、情緒及交友上，他對 Twiggy 的情況都瞭如指掌。

每次收到年度學習成績表，我都非常震撼。每位老師都會親自手寫報告，詳細講述 Twiggy 的學習及生活狀況。我非常安心讓她在那個環境學習，我感受到學校對學生的用心，願意為他們多行一步。

無論選擇甚麼學校，重點是看學校能否為孩子營造有利的教學環境，而非僅考慮該校成績及排名，學生入大學的人數比率。當學校有良好的學習環境時，孩子才能夠自主投入參與學習。

Miss Chan(陳卓琪)有話說……

細選適合孩子的學校

香港教育有句口號：「求學不是求分數」，但實況依然是分數掛帥。對有讀寫障礙的學生，這種風氣並不友善。在教育界深耕多年，已經退休的孔偉成校長深明，分數並非學習的全部，學習是要配合學生的需要。

減低分數壓力更願意學習

讀寫障礙的學生普遍術科成績一般，高強度的操練無助他們的學習。所以家長為有讀寫障礙的孩子選校時，要了解學校的發展路線，那些以「追趕成績」為主，忽略全人發展、人本精神及照顧學生差異的學校便不太適合。

孔校長認為，從學校對默書或考試的取態可窺見一二，如果學校的默書不計分數，又只有上下學期兩次考試，便會減低學生因為分數而帶來的壓力，更願意投入學習。

或許有人擔心：「默書唔計分，咁學生咪會唔俾心機囉？」孔校長說：「我的學校曾經嘗試默書唔計分，學生喺無分數嘅壓力下依然認真溫習。反而有咗分數，學生嘅心思只專注喺合唔合格，唔記得默書嘅本質。」

彈性較大容易享受學習

家長又不妨了解學校是否依賴課本授課，以及學校如何安排校本課程，從中觀察學校會否因應學生需要彈性教導，讓學生有較多空間享受學習。

他說：「我間學校曾經用活動形式嚟評估學生，例如要學生設計攤位作義賣。表面上係義賣遊戲，但背後隱藏咗數學科嘅計算、中文科嘅口語表達，學生玩得愉快，老師亦評估到學生嘅水平。」

孔校長又指出，多元化的課外活動亦是家長考量點之一，令學生可以不斷「試新嘢」，找到自己的強項。但他提醒：「有啲學校會因為學生成績差，『一刀切』唔俾學生玩課外活動，家長唔好將呢啲學校納入名單。」

「家長要揀啲彈性較大，可以俾學生選擇嘅學校。例如學生可以揀做功課先定係玩活動先，唔好因為學校要追成績而扼殺咗學生嘅活動。」

從細節中看學校的關懷文化

孔校長又教路：「家長可以觀察學校喺細節上嘅處理，例如喺開放日，會唔會提供泊車位俾家長，放學時會唔會開放雨天操場俾家長等候，老師嘅電話號碼俾唔俾家長知等。呢啲細節上嘅善意，都體現出學校嘅關懷文化。」

選擇適合的學校後，與老師建立緊密的溝通亦是重要。孔校長明白，很多有讀寫障礙孩子的家長，都希望和老師多溝通。但他建議家長要保持耐性，和老師溝通時盡量用開放式的說法提問：「我嘅小朋友喺學校表現如何呀？」讓老師有更大空間回答，不必急於表達孩子的情況。

孔校長還建議，家長可以積極參與家教會的服務，懷著「先貢獻自己，唔好淨係要求學校幫手」的心態，自然更容易建立到互助合作的關係。

留級重讀不如轉校

讀寫障礙學生的術科成績一般欠佳，孩子應否留級亦是不少家長頭痛的問題。孔校長透露，學校對學生留級的觀點與家長不同，校方會多方面考量，留級對學生的全人發展、心智、品格、學術等各方面是否有利。

孔校長更提醒，就是家長要顧及孩子自己的意願，如果孩子認為留班會令他們失去信心和社交，他便不贊同孩子留班，家長不如為孩子轉讀更合適的學校。

孔校長觀察到，不少有讀寫障礙的學生中文科普遍偏弱，反而英文科的成績較佳。若是這樣，家長可以安排孩子入讀直資學校，因為這類學校的英文科支援往往更專業和全面。

孔校長語重心長表示：「有讀寫障礙嘅學生家長要調節自己嘅心態，唔好因為追求成績而忽視孩子真正需要，幫助佢哋識得自主學習同搵到佢哋嘅強項，孩子一樣有出路。」

選擇合適，所有選擇都是好的

很多有讀寫障礙的學生，因為學業問題都會無法享受學習及校園生活。香港紅卍字會大埔卍慈中學，在支援 SEN 學生方面有很好的口碑，能夠兼顧學生不同的需要。曾經有在小學時不願意上學的學生，升上這間中學後，每天清早在校門等候進入校園。他們有何「法寶」提升 SEN 學生的學習動機與信心呢？

不同設計的工作紙

卍慈中學現時有不少 SEN 學生。校長潘啟祥指出，對有讀寫障礙或其他學習需要的學生，最佳支援不是增加學習時數或減少學習量，而是學習有「選擇」，包括學習的量、速度、方法，與及學些甚麼。「『加時』、『減量』都唔能夠俾學生展示才能，只係等佢哋可以『生存』。」

學校一直致力為學生提供最多選擇 (maximise choices)，實行「適異教學」，將課程、教材、教學法和評估分層，列明每個學習課題的核心、延展、挑戰，透過同質及異質分組，讓不同程度的學生同時學習相同題目。

以工作紙設計為例，相同內容最少設兩至三個版本，其中一個版本只要求學生判斷對錯，另一個則是開放式問題。

潘校長：「例如聆聽工作紙，班上學生聽嘅內容一樣，但有啲工作紙要求學生圈出相應字眼，有啲則要求寫關鍵字，一啲更只要求寫短句。」老師會按學生的程度，分配不同工作紙。學生有時會相互影響，尤其看到同學在做不同的工作紙時，也想要嘗試。

「重點在於讓學生有選擇，也能享受所帶來的成果。」潘校長強調，學校要確保所有選擇都不會為學生帶來負面標籤，無論他們選擇哪一份工作紙，都不會被同學嘲笑，而這取決於學校整體的氛圍。

三個螢幕 + 一個TA

課堂安排方面，今年開始，所有課室都安裝了三個螢幕，老師可以同時展示不同的教學資料，讓學生按需要參考不同螢幕，配合他們不同的學習節奏。假如有學生來不及抄寫筆記，而老師已經轉移至另一課題，較早教授的內容仍然停留在其中一個螢幕，學生不用擔心跟不上進度。

自六年前開始，學校在中一至中三的主科課堂中，加入學習支援助理 (Teaching Assistant，即「TA」)。潘校長表示，若學生未能緊貼教學進度，而老師又無法立即回應他們的需要時，TA 便在旁協助，向學生解釋教學內容。學生需要在課堂做習作時，老師與 TA 同時進行支援，為學生提供更多資源。

提到老師與 TA 的協作，潘校長指出，他們無須於每堂前溝通，因為每科都有常規，當學生在課堂中默書、作文或做聆聽時，TA 都有指定行動幫助學生。

「老師原本唔想喺課室多生一名教學人員，但經過一年實踐，老師提出將呢個安排擴展至中二同中三，認為對學生好有幫助。」

潘校長強調，設立 TA 並非要多一個人教學，他們事前不需要知道老師教些甚麼，只需要跟學生一起學 (Learn with students)，過程中像同學般支援學生 (Learn for student)。

他又指，每位 TA 都是「駐班」的，長期留在同一班，所以他們很了解每個學生的表現和需要，能夠成為老師與學生的橋樑 (Learn about students)。「TA 的角色並非由老師的角度出發去教學生，而是由學生的角度出發，跟他們一起摸索學習。」

建立學生的學習信心及態度

至於評估方面，SEN 學生可以申請接受合適的評估方式。學校的筆試都提供 A 卷和 B 卷，A 卷包含基礎、進階和挑戰三個層次的題目，B 卷亦即「調適卷」，內容包括基礎和進階部分，這份卷不單只是減少內容或放大字體，而是與分層課程結合。

無論學生考調適卷得到八十分，或是考一般卷得五十分，成績表都會如實顯示分數。「有啲學生可能從來未試過喺考試得過八十分。」他們一旦有了信心，大多都表示不需要再考調適卷。「我哋會同佢哋解釋，假如轉考一般試卷，有可能唔及格，但佢哋都唔介意。」

潘校長續稱，學校最重視建立學生的學習信心及態度。「冇人會覺得選擇唔同嘅試卷係唔光彩嘅。正如喺社會中，每個人要按自己嘅情況作出選擇。學校要學生留級嘅唯一原因，係學生長期缺課或者學習態度欠佳。」

有選擇令學生重拾自信

卍慈中學不僅關注 SEN 學生，而是關注整體的學習差異，從資優到能力較弱的都是他們的學生。潘校長說，他們致力讓學生明白，每個人都有自己的優勢，只要選擇合適，所有選擇都是好的。

他認為，現今教育的問題是，有些學生只要缺乏某一種能力，就無法學到任何東西。「我哋都好欣賞寫作能力強嘅人，但呢種能力喺未來社會可能唔再咁重要。」事實上，每個人的特質都不同，學習及回應問題的方式亦不一樣，SEN 學生是有能力按適合自己的方法學習及應對問題。

「部份 SEN 學生喺小學時期經歷好多創傷，尤其喺小五、小六階段，學業追唔上就會被貼上負面標籤。好多人會講:『你成績唔好就要讀 band 3 學校。』」潘校長慨嘆。他慶幸學校讓學生有選擇，令他們重拾自信，願意多作嘗試，迎向未來的挑戰。

我該如何協助我孩子……

在小孩的眼中…
qr0uonn
Filli n te dleuks wifn thɘ
yɔorrɘɔf qraron.
1. Mvgruubwa noƨ on
lh fodlɘ.
tod in ________.
ɘ ƨoɘƨ ot tɘ

在父母的眼中……

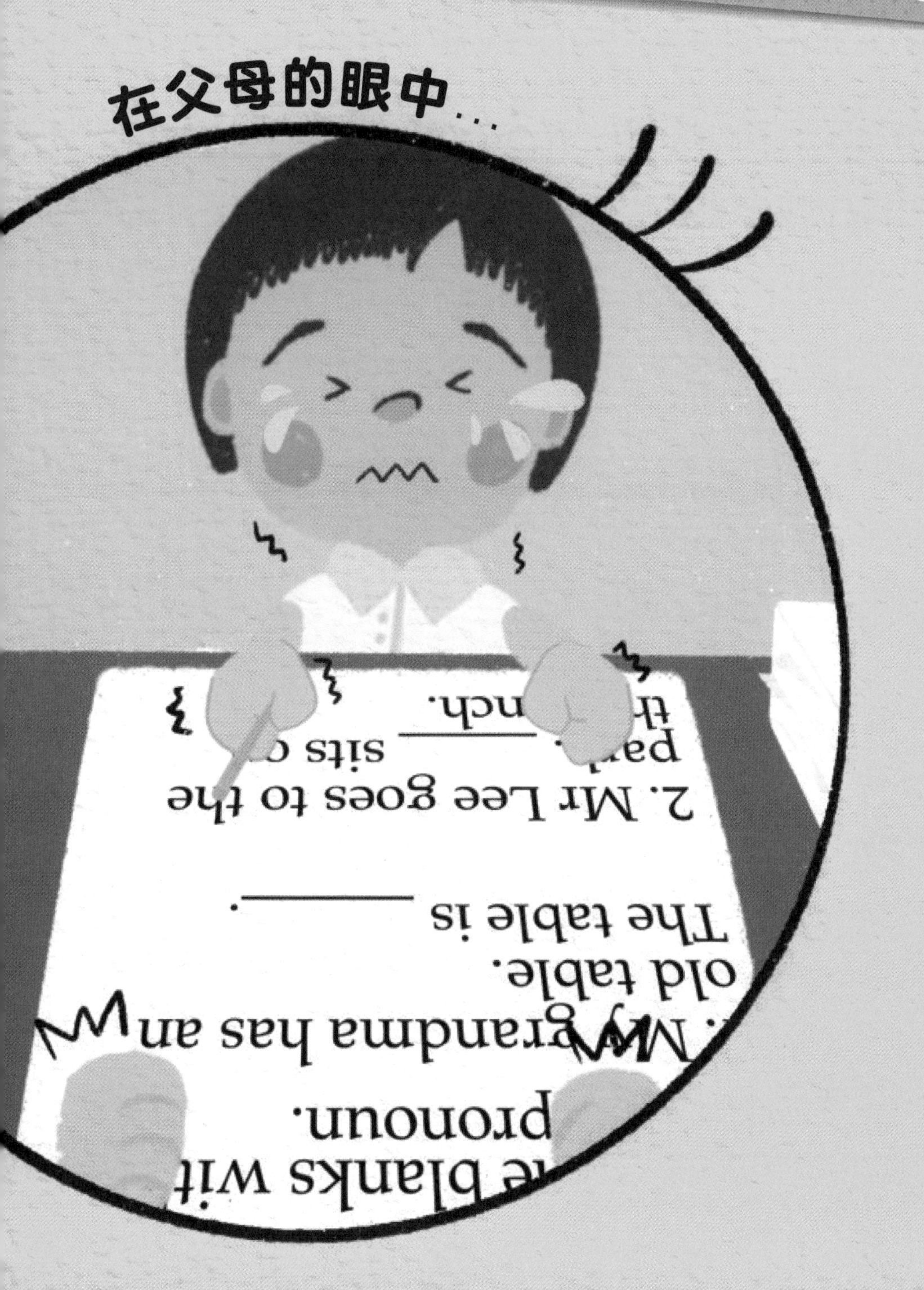
pronoun.
My grandma has an
old table.
The table is ______.
2. Mr Lee goes to the
sits o

第四章

我孩子需要的是甚麼？

- 我如何才可以做一個「稱職」的父母？
- 我孩子需要怎樣的學習模式？
- 我孩子面對挫折，我可以做甚麼？

Twiggy（陳卓琪）的故事

換個方法，迎來不一樣的學習人生

有沒有曾經試過，在學習不順利時，換個方法就豁然開朗的經驗。有效的「教學」就是幫助「學習者」啟動適合的學習系統，以達到理想的效果。對讀寫障礙的小朋友，找到適合他們的學習方法更是重要。

人生首張「思維地圖」

說到適合我的讀書方法，不得不提一位在中五暑假時幫我補習科學科的退休教師。記得我們首次見面時他問：「你識啲乜嘢?」我想了想，一句也答不上來，他又再問：「咁你唔識咩嘢?」我更加不知怎樣回答，因為我根本不知道我不明白甚麼。我唯有答：「我乜嘢都唔識。」他說：「冇可能嘅。」

接著他用問題的形式引導我，叫我試試說出我懂甚麼，我吐沙子般一點點的說出來。他一邊聽我說，一邊在一張大紙上畫下來。我說完了，他給我看他畫的原來是我的「思維地圖」。他解釋，這是我剛才提及我明白的哪部分，是對應考試的是哪一個主題，在那個主題內我又欠缺了甚麼部分。

通過那張展現在我面前的「思維地圖」，我清晰的看到了我懂些甚麼，不懂的又是甚麼。

我原來是有學到老師講授的知識，但那些知識是一小塊一小塊 Puzzle。我拿著很多小塊的 Puzzle，不知道怎樣串連其他的小塊併入大圖畫中。而那位退休老師就是把我學到的 Puzzle 畫在大圖畫上，讓我知道我懂的是哪部分，還欠缺的又是哪部分。最重要的是我怎樣把所學到的連結起來。

結果那次科學科的考試，由我慣常不合格一躍拿到了三科 B 級的學科成績。更因為得到他的幫助，我會考的成績竟然讓我可以升讀 A Level (中六) 。我很長一段沮喪的、充滿挫敗感的學習生活，現在看來，不適合的學習方式和學習思維是「元兇」。

讀書最大的轉捩點

可惜退休老師居住的地點距離我很遠，中六那年我再得不到他的指導，考試成績又再「打回原形」。有老師甚至勸喻我不如退學找工作，因為再讀下去都不能考進大學。

幸好學校明白我想繼續讀書的心願，找來學校的就業輔導，幫助我找不同類型的專上學院繼續進修。我找到了一間專上學院讀文憑課程，那裡的學習模式和讀中學時完全不一樣，是我讀書最大的轉捩點。

學院仍然要定時上課及考試，但佔的分數比率不高。他們著重的是在課堂學到的知識，學生要外出做學習項目 (project)。我在學院是修讀康樂體育管理，在課堂上學了怎樣管理康體中心，我便要實地進入中心，觀察他們的管理方法，怎樣和課本上的文字和理論配合。

記得有一個讓我豁然開朗的 project，是要到一間康體中心做市場推廣。在那裡我觀察到他們不單只推廣租賃場地，還要針對不同客戶為他們量身制定方案，又如何選擇在不同雜誌刊登廣告等。實地了解之後發現，這不正是我在課堂學過的理論嗎 ？ 經過觀察、體驗和接觸，我應用和連繫到書本上所講的知識。

還有課本外的學習方式

在那兩年間，我深深體會到課本外的學習方式，注重活生生的知識，並不只是課本裡大堆文字理論。我以全優的成績畢業，亦是學院有史以來第一位讀康體管理的學生拿到優秀學生獎。

我只能說，由中學時期「全軍覆沒」的成績，到學院的學習經歷，讓我深深明白到：「只有不合適的教學方法，沒有不受教的兒童。」這兩句話亦成為了我現在辦學的理念。

總的來說，對讀寫障礙的小朋友，在學習的過程中，不要讓他們只停留在文字或者是書本上。而是叫他們親身感受、嘗試、觀察，對提升他們的學習效率很有幫助。

Twiggy母親岑燕華感言

了解 放手 找到屬於自己大門的鎖匙

孩子宛如一張白紙，家長的陪伴、老師的教導、生活的挑戰都會在紙上塗抹出不同的顏色。要想孩子塑造自己的人生，給予開放及嘗試的空間，對他們的發展至關重要。

適者生存 突破自己

Twiggy 讀小學時，每天要面對大量抄寫及背誦的功課。似乎只要孩子抄得愈多，課文背得愈熟，就代表學有所成。我不認同這種填鴨式教育，無法讓 Twiggy 有效學習，甚至她因為盡了全力成績依然欠佳，引起難以紓解的負面情緒，我的無力感也驟然而生。更因為學習問題，母女不斷產生大大小小的爭執，令我非常困擾。

我開始思考：「不如為 Twiggy 換個學習環境，所謂適者生存，說不定有另一番天地。」我物色了一間強調靈活學習、全人發展和學習節奏較慢的英國寄宿學校，希望她在那裡有所突破。

哭成淚人的一堂課

當時我和丈夫陪伴兩姊妹飛往英國，在短短兩星期幫助她們適應環境。在回程的航班上，我們才猛然發覺，對她們的離開是這般的不捨，淚水不斷從眼眶湧出，思念、傷感之情難以抑制，我倆哭成淚人。

第一次母女分離，對兩姊妹是個大挑戰，對我何嘗不是上了人生的一課。我稱這堂課是：「適時的放手。」

記得與寄宿家庭負責人碰面時，發生了一場「東、西方價值觀的衝突」。寄宿家庭與學校有一段距離，我當時認為「孩子仲細，人生路不熟，迷路點算？有大人陪住返學先安全。」但是負責人的一句話「點醒」了我。

她說：「成長於中國家庭的孩子，父母永遠攬住孩子。」此番話我至今仍記憶猶新，西方家庭強調孩子要勇於嘗試，在經歷中成長，這不正是我送她們到英國的原意嗎？但我內心總有個聲音：「父母要盡力俾孩子最好嘅照顧，保護佢哋行每一步。」

我開始學習放手，從帶領孩子的母親，轉移至成為從旁支援、指引的角色，讓她們有空間探索這世界。

「阿女你係咪唔開心？」

她們安頓後，我們經常書信來往或間中通長途電話，我鼓勵她們寄信回家，即使畫一幅簡單的圖畫，我收到後都充滿暖意，我把這些家書一直珍藏至今天。

妹妹的適應力較強，很享受新生活，每次電話都傳來笑聲。但當與 Twiggy 聊天時，都令我回憶起一則長途電話廣告。廣告裡母親問千里迢迢的女兒：「阿女你係咪唔開心？」女兒回答：「冇呀！」母親說：「媽媽聽得出你過得唔開心。」

Twiggy 不正是廣告中的女兒嗎？我只有忍痛、無奈的鼓勵她。每當她們有較長的假期，我都會讓她們回港，令她們知道：「爸媽一直都支持妳們。」

為孩子找適合的鎖匙

英國的教育制度講求全人發展，除了學術要求，體育、藝術、興趣、溝通技巧等都是培養的範疇。他們注重學生的實踐，又會評估他們的處事方法及解難能力，鼓勵學生跳出舒適圈，不會只以成績來定義學生的優劣。

正是這種多元化教育，令 Twiggy 的潛能得以展現。她勇敢組織了學校的空手道會，還在工藝、美術科得到不錯的成績。我為她感到自豪，更堅定自己當年「忍痛」送她們到英國的信念是正確的。尤其是 Twiggy，我知道只要給她信心，製造開放嘗試的空間，她能夠從實踐中找出解難的方法。

教育並沒有一套百分百成功的攻略，運用哪種策略取決於父母對孩子的認識，再找出最適合的方法。Twiggy 在香港讀書遇到困難，但她絕非懶散，甚至說她很自律及有要求，是有責任心和上進心的孩子。我了解她的個性及本質，才選擇以「放手」的方式培育她。

每個孩子都有長處，只要肯嘗試、肯努力就可以找到自己的路，所以家長要了解孩子。「好似開鎖咁，當搵到適合嘅鎖匙，就可以打開屬於他們的那道門。」協助孩子找到那條鎖匙，正是家長的角色。

當然在開鎖的過程中，孩子會跌跌碰碰，甚至頭破血流。這時家長便要展現對孩子的支持和愛心，在他們成功時表示肯定，失敗時拍拍他們的肩膀，一句「加油，你得嘅」，可能成為他們人生的轉捩點。

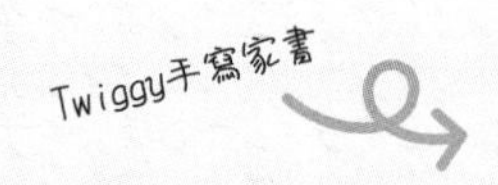

Twiggy手寫家書

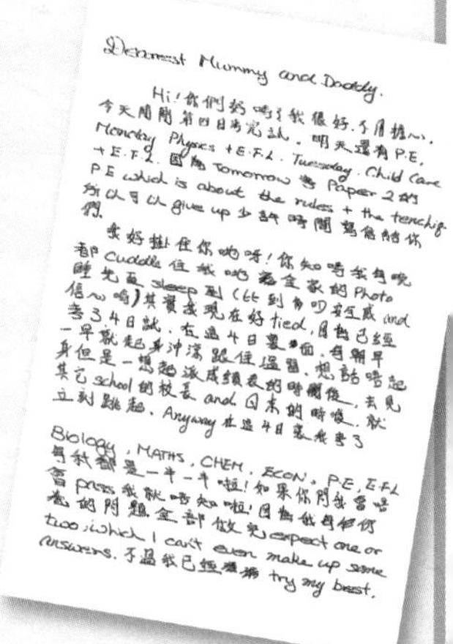

Dearest Mummy and Daddy,
Hi! 你們好嗎？我很好，不用擔心。
今天期間第四日考完試。明天還有 P.E.
Monday Physics + E.F.L. Tuesday Child Care
+ E.F.L. 因為 Tomorrow 考 Paper 2 的
P.E which is about the rules + the teaching
所以今日只 give up 少許時間寫信給你
們。
我好掛住你哋呀！你知唔知我每晚
都 cuddle 住我哋嘅全家福 Photo
睡覺至 sleep 到（比到我啲安全感 and
信心嘛）其實我現在好 tired，因為已經
考了4日試，在這4日裏面，每朝早
一早就起身沖涼跟住温習，想話唔起
身但是一想起派成績表的時候，去見
其它 school 的校長 and 日本的時候，就
立刻跳起。Anyway 在這4日裏我考了
Biology、MATHS、CHEM、ECON、P.E、E.F.L
每科都是一半一半啦！如果你問我會唔
會 pass 我就唔知啦！因為我每個問
題的問題全部做完 expect one or
two, which I can't even make up some
answers. 不過我已經盡力 try my best.

Miss Chan (陳卓琪) 有話說……

先肯定自己

- 沒有所謂最好的父母，每位父母都是孩子最適合的父母。父母要肯定自己的付出，同時亦要明白孩子的生命是他們自己的，他們有能力可以作出決定，亦要為自己作的決定承擔後果。

了解孩子的強弱項

- 明白每位父母都想為孩子選擇最好的路，但在培養孩子時，父母需要先了解他們的強弱項。在強項方面，父母可以多培育、多給予孩子機會發揮，從而提升他們的自我價值。了解孩子的弱項，可以幫助父母明白他們在哪方面需要協助。當孩子遇到困難時，將需要學習的概念拆細，讓他們容易得到成功感，建立信心，我們相信「成功激發成就」(Success inspires success)。

學習「放手」

- 有學習障礙的孩子，在人生路上會比其他人遇到更多的挫折，因此父母要學習適當的放手，當孩子遇到挫折或挑戰時，在可控的情況下讓他們學會自己面對。放手並不是真正的放手，孩子都需要動力及支持才有足夠的「力量」面對挑戰。家長的角色是作為協助者在旁給予鼓勵，當他們需要時給予建議，讓孩子知道你們是他們的安全港灣。失敗並不要緊，更重要的是引導孩子反思失敗後他們學到甚麼。

第五章

我孩子默書不合格，我如何協助他？

- 為甚麼剛剛溫習完的字，我孩子很快就忘記了？
- 為甚麼越簡單的字越容易忘記？
- 為甚麼經常都是出現同一個錯處？

Twiggy（陳卓琪）的故事

狂抄多遍不如自找錯處

除了每天的功課、定期的測驗和考試，學生每個星期還有一個重要的任務，那就是「默書」。我小三下學期轉校之後，功課雖然少了，默書的次數卻多了。情況如何？當然也是困難重重，肩上的擔子並沒有變輕。

溫習了中文就顧不上英文

最讓人沮喪的是，即或我用上比別人多十倍、一百倍的努力，把要記住的字詞記下來了，到課堂默書的那刻，我的腦袋總是不靈光，錯字連連。

記得有次爸爸幫我溫習英文默書，他教我用方法記下 aeroplane 的串法。我很高興，還教我的同學怎樣用同一方法記著。怎料到默書時，她順利把字串出來，但我的腦海卻一片空白。

記得高小的中、英文默書，每科各有兩本默書簿。其中一本默書簿永遠是零分，另一本雖然有少許分數，但距離及格也是頗遠。第一個原因是我不能跟上每星期默書的進度，另一個原因是我溫習了中文就顧不上英文，溫習了英文又顧不及中文。

只靠強記無濟於事

對很多小朋友來說，學曉英文拼音的確能夠幫助串字。所以媽媽就為我和妹妹聘請了外籍老師教我們，妹妹很快就掌握了，但我依舊「一頭霧水」。

原因是我消化不到拼音原理，老師要求我要記國際音標，對我來說又是另一套語言系統，記英文字已經夠困難，何況要再記一套全新的符號。到頭來又只能夠靠強記，所以如何努力還是無濟於事。

即使到英國讀書後脫離了默書這「噩夢」，但我還是記不到要記的內容，很難才寫得出要寫的句子，相信很大原因也是和不明白有關。

默書加分制可建立信心

經過這麼多年的困難和反思，我覺得找到方法記憶生字詞語固然最好，但是建立小朋友的信心絕對是最重要的。

所以我認同有些學校實行默書加分制，就是以答對的部分給分，而非看學生做錯的部分扣分。我明白普遍學校未必容易改變扣分制的傳統，所以家長的角色便很重要。

家長可以和小朋友溫習默書時，共同一步步設定適合的目標。孩子默不到段落時便先由默句子開始，默不到句子時便先默單字或詞語，單字或詞語太多時便先默幾個孩子應付到的單字或詞語，務求能夠準確地把那幾個單字或詞語寫出來。幫助他們製造成功感，比為他們設立遙不可及的學習目標更有效。

在孩子寫錯的時候，不要只是叫孩子擦走錯字，然後抄寫多幾遍，而是家長在旁邊寫出正確答案，然後問孩子兩者有何不同，讓他們發掘和提升自我覺察能力去改正錯處。

Twiggy母親岑燕華感言

比成績、排名更重要的選校策略

每次幫 Twiggy 溫習默書，彷彿在打一場心力交瘁的大作戰。她一遍又一遍的抄寫、默寫、忘記了，又再抄寫、默寫、忘記了，是個沒有盡頭的循環。我知道她很努力，但學習障礙令她無法熟記字詞，那種無奈和無助，我看在眼裡，痛在心裡。

用「探字尋根」幫助記憶

為了幫 Twiggy 克服記字的困難，在溫習中文默書時，我首先把文章較艱深的字挑選出來，讓她認讀一遍。當她遇到難以記憶的字時，我便用「探字尋根」的方法，顯示該字的形象，希望她以圖像方式拆解該字的組成，代替死記硬背。

面對英文默書，我會用之前學過的英語串字法教她。例如「company」，我教她將「com」和「pany」分開，「com」的發音與「come」相同，只是少了一個「e」，而「pany」就是「pan」加上「y」，將新學的單詞與熟悉的詞彙聯繫。

但無論怎樣努力溫習，Twiggy 的默書成績都原地踏步，我感到束手無策。我唯有再「搞吓新意思」，用漢字的文字圖版遊戲，增強她對文字的記憶。但事與願違，她一看見文字就「投降」，完全失去興趣，因為任何涉及文字的東西對她都是痛苦的，她都提不起興趣。

我不斷嘗試用各種方法去引導她，但成效不彰。我唯有自我安慰：「試過好過乜都唔做，下次實有機會得嘅！」

調節自己的期望值

在陪伴 Twiggy 溫習默書的過程中，我學會了調節期望值，只要她努力溫習，已經達到我的要求。

我不會以學校的合格成績作為 Twiggy 的標準，更不會將她的成績與其他同學比較。我重視她的付出和能力，如果上次默書有二十分，下次默書前我與她商量：「呢次默書你期望有幾多分？」她若期望有二十五分，那只要較上次的分數有進步便可以了。我不會定下過高的標準，以免打擊她繼續努力的意志。

家長要了解自己的孩子，如果孩子盡力了，但由於學習困難導致無論怎樣付出也無法達標時，父母便要從孩子的角度出發，不一定以學校的「合格線」來評定孩子，令孩子明白「自己並唔係差過人，只係要用嘅學習時間要比別人多。」

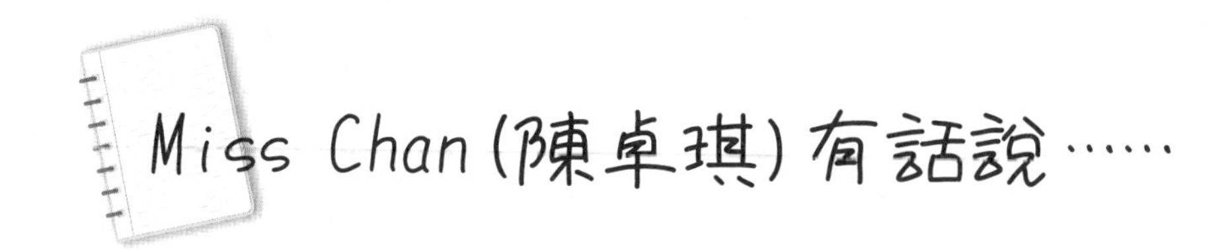

中文字

孩子學中文字時，一些常見的字，例如「在」、「就」都會經常寫錯，因為這些字沒有圖像！因此，我們需要將這些字變成圖像，幫助他們記憶。以下我們用「在」字作為例子，家長不妨跟著我們的步驟和孩子動動手，輕鬆有趣地學習這個字！

父母：今日我們要學「在」字。我們一起找「在」字的意思吧！

父母可以和孩子一起查字典或在網上找字詞意思。

父母：「在」字的意思是 — 在某個地點或位置做某件事。有沒有看過馬戲團表演？他們在哪裡表演？

孩子：帳篷裡！

父母：對了！帳篷旁邊首先有個帳幕（畫出帳幕），帳篷上面還有彩旗橫幅（畫出一條彩旗橫幅）！有個男孩子在表演走繩索！男孩子踩著甚麼？

孩子：一條繩！

如果孩子不知道甚麼是「走繩索」，可以先在網上找圖片讓孩子腦海中有畫面。記著，圖片一定要和接下來的故事吻合。

父母：對了！帳幕下有一條柱（✎ 畫出木柱），木柱連接一條繩索（畫出 ✎ 繩索）。走繩索時，手上需要拿著甚麼去保持平衡？

孩子：橫桿！

父母：答對了！這位小男孩站在繩索中間，腳踩著繩索（✎ 畫出小男孩），手上拿著橫桿在平衡（✎ 畫出橫桿）。

「在」字的圖畫已經完成了！我們一起在圖畫上加筆劃變成「在」字吧！

教學策略三要點

- 孩子一定要先**知道字詞的意思**，才能有畫面
- 運用的圖片一定要和**字詞的意思有關係**
- 運用**問問題**的形式引導孩子在腦海中建立圖案畫面

英文字

很多時孩子在溫習英文生字時，在串字上遇到困難。當他們未能完全掌握拼音，或者學過拼音但有些字詞未能用拼音拼出來時，我們可以運用圖像法幫助他們記得字詞的串法，家長不妨跟著我們的步驟，和孩子動動手輕鬆有趣地學‘dog’的串法吧！

父母：今日我們要學 'dog' 字。我們一起找 'dog' 字的意思吧！

父母可以和孩子一起查字典或在網上找字詞意思。

父母：我們摸狗仔時，會先摸牠的頭先還是尾巴？

孩子：頭！

父母：對了！那狗仔的頭是圓形的還是正方形的？

孩子：圓形！

父母：對了！這個小狗有個圓碌碌的頭（畫出圓圓的頭），當牠開心時，頭上有甚麼會豎起來？

孩子：耳朵！

父母：對了！（畫出豎起的耳朵）狗仔的頭畫完了，頭後面有甚麼（用手放在孩子頭上由頭掃到肚腩的位置）？

孩子：身體！

父母：對了！這隻狗仔有個圓圓的肚腩（畫出個 'o' 字）。小狗會反轉來咬自己的肚腩嗎？

孩子：不會！

父母：對了！所以我們要記住小狗的頭會望前面，不會拗轉身去咬自己的肚腩。狗仔最後面還有甚麼？

孩子：尾巴！

父母：對了！但狗仔的尾巴貼著狗仔的哪裡？

孩子：屁屁！

父母：對了，狗仔的屁屁是圓碌碌的（畫出一個圓型的屁屁），後面有條尾巴卷入身體內（畫出尾巴）。

父母：原來 'dog' 的串法藏在小狗的圖畫中，我們一起找出來吧！小狗圓圓的頭和升高的耳朵像甚麼英文字母（用手指沿著圖畫比劃 'd' 字）？

孩子：d

父母：（在圖畫上面寫 'd' 字）那麼小狗圓碌碌的肚腩像甚麼英文字母（用手指沿著圖畫比劃 'o' 字）？

孩子：o

父母：（在圖畫上面寫 'o' 字）很好！最後小狗圓圓的屁屁和尾巴像甚麼英文字母呢（用手指沿著圖畫比劃 'g' 字）？

孩子：g

父母：（在圖畫上面寫 'g' 字）非常好！那麼 'dog' 字是怎樣串的呢？

孩子：'dog'

教學策略三要點

- 除了用圖像，還可以用**動作和不同感官**加強記憶
- 圖像可以幫助孩子分辨他們經常混淆的**鏡面字**，例如 'd' 和 'b'
- 完成整幅圖畫後，必須引導孩子**找出圖畫中對應的字母**

第六章

如何讓我孩子喜歡閱讀？

- 為甚麼我孩子看書時都只是看圖畫，不看文字？
- 我應該買甚麼書給我孩子看？
- 家裡有各式的書，為甚麼我孩子不會主動拿來閱讀？
- 為甚麼我孩子只是喜歡看漫畫書？

Twiggy（陳卓琪）的故事

孩子需要時間，父母更需要耐心

在科技還沒有那麼先進的年代，孩子最開心的時刻除了和朋友玩，很多時就是從閱讀中找到樂趣，但我從來沒有這個感覺。記憶中我很討厭書本，即使是圖畫書也好，凡是和書本沾上邊的，我便覺得和「文字」沾上邊，我碰也不想碰。

匆匆看過圖片就算了

特別是有文字的書籍，我打開頭一頁，不要說生字，即或每個字我也明白，但當組成句子，我往往會把字的次序調轉，只好以靠估的方式閱讀，我當然看不懂句子意思。閱讀整篇文章時，我也只看句子的重點。如果重複出現我不懂的生字，更讓我厭煩，所以總是匆匆把書中圖片翻完就算了。

媽媽很鼓勵我們兩姊妹閱讀，常常帶我們到圖書館，又買附聲帶的書給我們，在睡前講故事給我們聽。妹妹一本接一本的讀下去，我卻沒有興趣。只有當妹妹大喊「家姐！陪我！」時，我才會聽聽聲帶講的故事。但因為有錄音帶，我才不太抗拒拿起書本，但依然提不起興趣看文字。

我「首次」讀畢整本書

可想而知，完整讀完一本書，對我來說幾乎是不可能的任務。我記得人生中第一次讀完一整本書，是在中四或中五的時候。

那次基於考試的要求，我必須讀完一整本指定的書。在大課堂上我跟同學一起學習，腦海中對那本書有了大概的內容輪廓和零散的概念。在小課堂裡，老師慢慢教我不認識的生字，再理解內容。經過這個過程，我拼合出零散的拼圖。終於能夠讀完整本書，那個感覺實在太奇妙了！

不過那是在老師大力幫助下才能完成的，要說第一本用自己能力讀完的書，是在大學二年級的時候。記得那年我到美國作交換生，由於長路漫漫，我在機場書店買了一本叫 *"A Child Called It"* 的傳記小說。

小說的主角是一名小男孩，他常被媽媽虐待又被鎖進車房，幾天沒有飯吃。書中提到主角在學校遇到的困難時，有些情節讓我身同感受，我腦海頓時有了畫面，感覺好像看電影。再加上用字淺白，我慢慢、慢慢便讀完整本小說。

找到畫面才容易讀下去

大學畢業後我到國際學校任教，一天我和同事聊起閱讀這件事。他們正在討論怎樣教學生讀書，同事提到她通常會引導學生看書封面上的圖片，以掌握書本的概貌，讓學生閱讀時在腦海中形成畫面。我問她：「你睇書會出現畫面咩？」她答：「有呀，乜你冇嘅咩？」

那時才發現，我讀書時腦子裡沒有畫面，是我不喜歡讀書的原因。我發現了關鍵點，一旦理解不到內容，腦海中就出現不到畫面，沒有畫面我便讀不下去。相反若有畫面感，就代表我進入了情境，有了情境的滋潤便容易讀下去。

培養興趣 發揮動力

所以我發現，如果要為小朋友挑選讀物，尤其是有讀寫障礙的，先讓他們看頭一兩句，如果只有少數字詞不懂，那便可以挑戰慢慢閱讀。如果十個字有七、八個都不懂，那就沒有必要強迫他們，因為那幾近是不可能完成的任務。

其次是在開始時，向他們敘述故事大綱，讓孩子有個內容輪廓和部分拼圖，才細讀內容，他們會較易吸收。

有些家長抱怨孩子只喜歡看漫畫書，相比文字更多的書籍，漫畫書的「休閒成份」似乎較高。若他們有閱讀的困難，即或是漫畫書，也要鼓勵孩子多看。因為最重要是培養他們閱讀的興趣，有了興趣才能發揮動力，有了動力才能克服困難。

讀寫障礙的小朋友並非不能讀書，只是他們在讀和寫吸收得比較慢，需要比其他小朋友多很多倍的努力才能做到，過程的確是艱辛的。家長要明白，孩子需要的是時間，但更需要的是父母的耐心。

Twiggy母親岑燕華感言

讓孩子不再害怕「摩斯密碼」

引導孩子愛上閱讀並非易事，尤其是 Twiggy 連辨認單字都成問題，期望她完整閱讀完一本圖書，彷如要求她解讀一篇篇無從入手的摩斯密碼。那麼我用甚麼方法激發起她的閱讀興趣呢？

與生活緊密結合的文字

Twiggy 無法提起閱讀的興趣，不外乎認為閱讀「難明」和「艱辛」，就算耐心地看完整本書，亦是為了應付學習要求。

為了引起 Twiggy 對文字的好感，我用印有字詞和圖片的遊戲卡，和她玩文字配對遊戲。但她對這種學習仍然提不起興趣，我唯有再另闢蹊徑。我再買了語音書讓她邊聽錄音帶，邊在聲音導航下認字。感恩這個方法對她有少許幫助！

下一步我計劃如何讓 Twiggy 實踐認字的能力。例如我們到市場買菜時，我會讓她認讀不同蔬菜的名牌；到餐廳時，由她負責看餐牌點菜；在街上經過路牌，亦會停下來問她：「呢條街叫咩名？」

我將生活點滴化成 Twiggy 學習文字的工具，反覆練習和加強她的認字能力，令她意識到文字與生活是緊密結合，明白文字的重要性，讓她的詞彙量不經意地增長。

選書沒有標準答案

我十分愛好閱讀，所以又會經常帶她們兩姊妹逛書局和圖書館「打書釘」，希望借助周遭的氛圍培養她的閱讀興趣。

有了環境的加持，我開始思考哪些圖書適合 Twiggy。在她初學認字時，我會讓她先看容易掌握，字體偏大、句子和筆劃簡單的圖書。以簡單文字搭配圖畫的兒童漫畫也是好的選擇，提高她打開書本的興趣。

選擇甚麼書其實沒有標準答案，重要是站在孩子的角度，知道他們會享受甚麼類型的書。只要能夠培養到他們自主的閱讀習慣，看文字並不再是痛苦的事，無論是科幻、漫畫、懸疑、武俠小說等等均可。

無奈的是，我嘗試過不同方法，Twiggy 始終對閱讀欠缺興趣，閱讀好像成為了她無法解開的結，而我亦好像走進死胡同。

支持、陪伴是父母的責任

隨著 Twiggy 升讀較高年級，功課日漸繁重，尤其做閱讀理解，對她簡直是折磨。因為她連基本的字詞都未能掌握，又如何理解一段句子、甚至一篇文章呢？再加上有些文字或句子背後，還隱藏著進一步的意思，她更難明白得到。

這時，我會給 Twiggy 放鬆一下，並且陪她一起面對，讓她知道：「媽媽永遠都支持你。」

閱讀不能靠強迫的方式，往往需要陪伴孩子一起同行。陪伴的過程固然漫長，但當某一天你發現自己不在身邊，孩子會自覺地拿起書本閱讀，閱讀便不知不覺成為他們生活的一部分。

Miss Chan（陳卓琪）有話說……

如何選擇合適的書籍？

由孩子的興趣出發

要培養孩子閱讀習慣，一定要他們對閱讀產生興趣。因此在選擇圖書時，家長可以從孩子的興趣入手。首先，選擇的書本和他們喜歡或有興趣的事物有關，例如卡通人物。想知道孩子對甚麼有興趣，家長平時要觀察他們比較多關注的事物。有些家長擔心孩子只喜歡看漫畫書或圖畫為主的書本，但如果目的是培養他們的閱讀習慣，無論是甚麼書，只要孩子肯主動拿來閱讀，對他們來說已經是邁進了一大步！當孩子慢慢建立了閱讀的習慣，家長才鼓勵他們看有多一點文字的書。

適合的程度

選擇適合孩子程度的書重要嗎？太重要了！如果他們閱讀有大量不認識的字詞，不斷用猜想的方式閱讀，讀畢也不理解內容，那孩子很快便失去興趣。家長經常問甚麼程度的書適合孩子呢？很簡單！選擇他們喜歡的圖書，做個小小的測試便會知道！

揭開書本的第一頁，指著書上的第一段要孩子讀出來：

- ✓ 如果孩子能夠讀到**超過九成**的字，他們基本上可以自行閱讀這本書。
- ✓ 如果孩子讀到**大約八至九成**的字，這本書需要父母在旁伴讀。
- ✗ 如果孩子認讀到的字**少於八成**，這本書便不適合你的孩子了！

如何伴讀？

「伴讀」是家長讀，孩子只是聆聽的角色嗎？並不是！他們需要參與在其中才有閱讀的感覺。若孩子認識的詞彙量太少，建議家長由認讀高頻率字詞開始，例如中文字的「的」、「在」、「和」等，英文字的 “the”, “are”, “is” 等。為了增加趣味性，可以加入遊戲的元素，讓孩子在認讀字詞時不會覺得沉悶。不妨試一試以下的小遊戲！

捉蟲蟲

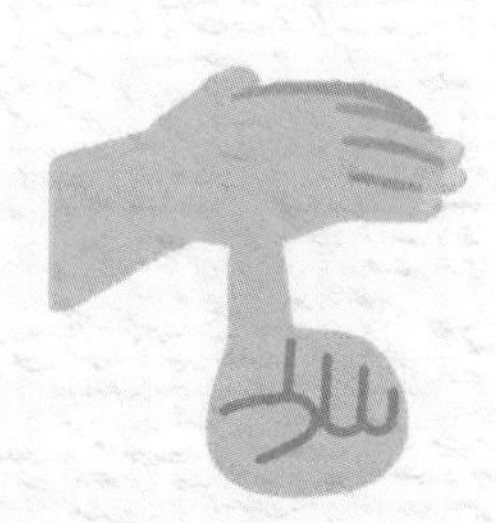

每次讀圖書時都選擇一個高頻率字詞，例如「的」字作為目標字眼。當閱讀圖書時，家長的手平放手掌向下，孩子用食指向上指著家長的掌心 (如圖)。

當家長閱讀出目標字眼時，家長嘗試捉著孩子的手指，像「捉蟲蟲」，他們要立刻縮起手指，然後指著句子中的目標字，蟲蟲不要被捉到呀！

當孩子詞彙量變多，可以開始引導他們在閱讀時建立畫面。

如何讓孩子獨立閱讀？

當孩子詞彙量開始變多，便開始引導孩子在閱讀時**建立畫面**。首先當他們閱讀有圖畫的書時，引導孩子指出圖畫，或句子中提及過的物件或情節，讓他們明白原來文字是能夠用圖畫的方式呈現，同時因為閱讀時有畫面感，會增加閱讀的興趣！當孩子漸漸體會閱讀可以是有畫面時，他們更容易培養閱讀興趣，因為閱讀就好像在看電影！

第七章

提供了字詞及圖畫，為甚麼我孩子仍然作不到一篇文？

- 為甚麼我孩子作文時經常都寫少最少一個元素？
- 我孩子經常問怎樣下筆？
- 已經有圖畫作輔助，但我孩子仍然不知道寫甚麼？
- 完成作文後，我經常看不明白我孩子寫的內容？

Twiggy（陳卓琪）的故事

仿如置身偌大森林裡的「作文」

讀寫障礙的小朋友不是笨笨，不是不識字，更不是懶惰，可惜不明白的人看來就是這樣，這是難以說明的感覺。就好像走進森林裡，每條路我都認得，都感到熟悉，但要我走出森林，我就是不曉得哪條路連著哪條路。

欠缺完整的思維及邏輯

作文對我來說就是個偌大的森林。

不用說寫一整篇文章，即或是重組句子，我也十分困惑。重組句子最大的困難不是認識字詞的意思，而是按照正確的順序，把句子合理地排列出來。時間、人物、地點、事件，我要先寫甚麼？然後寫甚麼？最後才寫甚麼？

每次我看著那些詞語，我便覺得像是斷了線的風箏，無依無靠。我最需要的是個萬能的公式，通用的框架，讓我可以安心跟著那個步驟完成。

可惜文字世界是多變、靈活及無限的，每次重組的句子都是新鮮的。連組織句子都這樣困難，可想而知完成一篇文章對我來說比登天還難。

很多時老師要我看圖作文，我看到了圖片中的各種元素，如人物、時間等，但還是那個問題，我無法把這些元素連結起來，形成完整的故事。或者說，即或我大概知道故事內容，我也沒有辦法順序整理好，有邏輯地表達。即使有調適供詞，我也沒有完整的思維過程，做不到就是做不到。

欠缺豐富詞彙

除了整理句子這個大問題，當中還有很多細節我也力有不逮，那就是識字。

當寫著寫著如果遇到不會寫的字，我就要換個字表達；如果遇到表達不順暢的句子，我就要換一個句式。但是有學習困難的我，又認識多少個字、詞、句式供我替換呢？

課本很常提供範文給我參考學習，在寫不到自己文章的情況下，我唯有以範文來修改。在老師、媽媽的幫助下，我才可以完成一篇作文。

但是這個做法僅限於平時的作業，在考試時就不靈光了。

作文其實有很多種體裁，我能夠分辨清楚的就只有信件，因為信件有上款和下款。在沒有提供範文，又分不到其他體裁的情況下，我從來沒有順利完成過作文考試，只能想到甚麼碎片，就放那些碎片進去，自然未能過關。

說到底是思維連結，組織整理的問題。

碎片式的圖像

到中五時，作文的難度就不只是看圖寫作或者寫信那麼簡單。我需要寫有前有後的正規文章 (essay) 了。

那時我已經被評估有讀寫障礙，很多功課都是在被抽出來的小課堂完成。老師會先問我想講甚麼，我就告訴他我要表達的東西，當然也是以碎片的方式敘述。然後老師就會邊聽邊記下來，到下一堂，老師和我一起翻閱書本，加上一些適合的重點知識，最後老師幫我組織各個章節，完成整篇文章。

不過還是那個情況，做功課時還好，到了考試又完蛋了。

後來我用了另一個方法，是先把文章重點寫出來給別人閱讀，看看對方能否看懂我所想表達的，有不明白的我再解釋。

讓我們看清楚大圖畫

寫文章和畫圖畫是同一原理吧，是先把小的碎片想出來，然後再把各種碎片按照一定的原理或邏輯整理和排列。

所以說，有讀寫障礙的孩子其實是明白的，只是需要有人把他們往後推、甚至往高拉，讓他們看清楚整幅大圖畫，他們就知道怎樣走出森林了。

在我小學及中學時期，作文、寫文章對我都是困難及痛苦的。尤幸高小時，媽媽找了補習社輔導我每天的功課，那裡的老師自然承擔了我作文功課的「重任」。回想起來，媽媽做了恰當的決定，否則我可能經常迷失在偌大的森林中！

Twiggy母親岑燕華感言

耐心引導達致「我手寫我口」

作文可以說是 Twiggy 最辛苦的功課之一，等閒呆坐幾小時半個字也寫不出。這時若為求完成功課，我便要出手逐字逐句把內容唸給她，讓她抄寫，頃刻間作文就完成了。但這樣的「幫助」對 Twiggy 的學習真的有益嗎？

幫助孩子發揮想像空間

作文講求作者能否根據設定的題目，構思出相應的畫面和橋段。為了有條理地引導 Twiggy 寫作，我會提前細嚼作文的要點，解讀題目的邏輯，逐步引導她完成內容。

記得 Twiggy 曾經有一份以「清明節掃墓」為題的作文功課，我首先引導她說出掃墓的時間、地點，以及和她同去掃墓的人和掃墓的目的。再找尋掃墓相關的圖片，配合開放式的問題，如：「當日有冇咩特別嘢發生？你負責做啲咩嘢同埋有咩感受？」發揮她的想像空間，激發寫作靈感。

之後引導她用口述方式整理腦海的資料，根據她的口述再梳理出文章。若 Twiggy 能夠完整地講出故事，即使無法「我手寫我口」，她已經達到我心目中的預期。

父母調節對孩子的期望值

父母要時常問自己：「你期望孩子得到甚麼？」我期望 Twiggy 能夠學懂思考，所以我不認為她必須寫出一篇好文章才算合格，將期望值調節到她所屬的水平。

如果強迫 Twiggy 與一般學生的標準無異，那無論對父母和孩子都是傷害。對父母來說，會損害自己對孩子的信心；對孩子來說，會給他帶來無形的壓力。因為孩子是明白作文的要求，只是學習的困難使她無法將腦海中的想法寫出來。

作文不像抄寫默書，總會遇到「腦閉塞」的樽頸位。這時便要耐性引導他們，切忌過急代替孩子完成作文。不然孩子會過度依賴，往後變成「餵到埋口先識食」，久而久之會失去獨立思考和解決難題的能力。

意念多多表達困難

有讀寫障礙並不等於無法作文，只是孩子需要更多時間去消化。他們其實有很多意念，和一般人一樣，甚至更好的構思能力，只是在整理自己的意念上發生困難，再加上書寫上的不暢順，令他們無法寫出好文章。

父母要了解孩子的強弱項，不要標籤他們的能力，以為「佢咩都做唔到，佢係咁懶㗎啦。」父母如果以開放的心態去了解孩子的特質，強化他們的優點，扶助他的弱點，便可以引導他們成為更好的自己。

Miss Chan（陳卓琪）有話說……

很多時候家長會問，為甚麼教了多次後，孩子都會在作文時漏寫重要的元素？原來很多時候家長只是提醒他們，作文時要注意的五個元素，而不是引導孩子自己找出來。家長亦沒有告訴孩子，在作文中這五個元素的重要性！在不明白時，他們便覺得沒有必要在作文中包含這些元素。以下是個有趣的遊戲，家長可以和孩子一起玩，幫助他們理解在作文中加進這五個元素的重要性。試試看！

你問我答

遊戲玩法：

你拿著一幅圖畫，但不要讓孩子看到。孩子的目標是盡可能畫出你手上那幅畫，但他們看不到，那怎麼辦呢？答案是讓孩子嘗試用問題的方式，了解你手上的圖畫然後畫出來。你回答的同時，把孩子問過的問題記下來。

當孩子完成圖畫後，跟他們看一看剛剛的問題圍繞著甚麼元素？是五元素！如果孩子的問題中並沒有包含所有元素，家長不妨讓孩子對比兩幅畫的分別，有錯有遺漏的嗎？如果有不同的話，引導孩子說出他們漏問了甚麼元素。

從這個遊戲中，孩子學會如何從「讀者」的角度去了解故事，更加深刻明白在一篇作文中加入五元素的目的。因此，當他們開始做有圖寫作時，便能夠學會自己問問題，然後自己規劃寫作內容。孩子可以根據以下步驟規劃有圖寫作的內容：

① **五問**

讓孩子自己問這五條問題

 甚麼時候？

 在哪裡？

 有甚麼人？

 在做甚麼？

 甚麼感受？

② **找出五元素**

在圖中圈出五個元素

③ **寫出五元素**

孩子需要為圖中圈起的五元素寫一個詞語

 早上

 小明和爸爸

 公園

 踢足球

 開心

④ **運用五元素作句**

把上一步準備好的詞語排成句子

早上，小明和爸爸到公園踢足球。他們感到非常開心。

如果孩子未能自己寫句子，家長可以用五個元素畫上的標誌提示，讓孩子跟著標誌配詞語寫成句子。

第八章

背不到乘數表，又看不懂時鐘，怎麼辦？

- 為何我孩子經常看不懂時鐘裡的分針和時針？
- 為甚麼每次中間抽問乘數表時都要從頭背過，這樣很慢啊！
- 為甚麼每次都需要動手指才能找到答案？

Twiggy (陳卓琪) 的故事

宜家究竟係幾點？學習數學疑難多籮籮

數學與現實世界怎樣聯繫起來？怎樣在日常生活中使用數學？是很多學生學習數學時感到困難的感受。有讀寫障礙的小朋友，更可能難以集中注意力解決難題。遇有數學文字題則更糟糕，因為連閱讀及理解題目也產生問題，更遑論去計算解答。回想起來，令我印象最為深刻的，要數看時鐘了。

長針、短針很混亂

當時學校要求一年級學生懂得看時鐘，到二年級要懂得分上、下午時間，和看時鐘學時間的加減，到了三年級就要懂得看二十四小時。學校這個期望，當然我沒有達到。大概到四年級，我才真正學會看時鐘。

對我來說，看時鐘主要有三個難處。第一，分辨不到短針還是長針？大家都知道短針代表小時，長針代表分鐘，但我每次一眼望去，不知道那兩支針的分別。例如短針指著2，長針指著12，我就不知道那是兩點，還是十二點。

其次，當時針走到兩個數字的一半時，我便分不清時針指的是哪一個鐘數。例如一點半時，時針在1和2之間，我就不知道是一點還是兩點。

說法不一很混亂

是最糟糕的還有判斷分鐘。廣東話十二點三意思是十二時十五分，或者是十二點八指的是十二時四十分，廣東話和書面語的表述完全不一樣。我就要學習能夠把這兩種表述轉換，經常十分混亂，不明所以。

去到四年級，我才算真學會了看時鐘。過程中，爸爸媽媽嘗試用不同的方法幫助我。例如爸爸送給我一隻我自己挑選的指針手錶，目的是為了讓我習慣看時鐘，可惜成效不佳。

媽媽和我一起撥時針，讓我明白時鐘的運作。她告訴我鐘內的數字主要是給短針用的，而那一圈密密麻麻的分格是給略長的分針用的。這個方法有一定效用，但總而言之，過程實在不容易。

更可怕的事情是，到了小學畢業時，好不容易搞清楚了看時鐘，我要到英國讀書了。而英語對時間的表述，和中文又完全不一樣。例如三點四十分，英語是 twenty to four，也就是「距離四點還有二十分鐘」的意思，我簡直莫名其妙。導致有時和同學外出時，我怕弄錯集合時間，唯有叫同學用筆寫清楚給我。

心算背誦皆「災難」

除了看時鐘，心算也是另一個難題。因為心算很多時是需要有好幾個步驟，困難的是，在進行第二、第三個步驟時，我已經忘記了上一個步驟的答案，記不住了，也就沒有辦法進行下去。

那時候媽媽會帶我逛超市，她給我一張購物清單，我需要把所有要買的東西都找齊，並且計算出總數。我很喜歡找東西，覺得很有趣，但到計算價錢那部分卻討厭極了！

到學習乘數表，我那時唯一的方法是瘋狂的背誦，日日背、每個小息都在背，十分痛苦。尤其是當老師抽問時，我要重頭背一次才能找到答案，對我簡直是「災難」。

數學中的規律和圖像

我們現在知道有讀寫障礙的小朋友很精於看規律，所以我們在乘數表中研發出一些「規律」給他們學習。例如2和8、4和6、3和7的模式是一樣的，當他們可以寫出來時，便能夠幫助他們學習。

無論是學習加、減、乘、除，全部都有規律，而且還可以變為圖像或圖案。再加上每教一個概念時都把它拆成小份，一步步的拆解，待孩子明白後才進入下一個步驟。

Twiggy母親岑燕華感言

「貼地」的數學實踐和練習

數學不僅是門學科，更是一種思維方式。然而 Twiggy 在小學階段時，數學科成績卻未如理想。為了解決這個問題，我嘗試跳出數學練習規範式的操練，期望她感受到數學是與日常生活是息息相關的科目。

提子、蛋撻全是練習工具

Twiggy 在數學上遇到的其中一個難關，是理解乘法的運算。為了讓她明白乘法的原理，知道乘法和加法是大有相關的概念，我利用了一些實物來解釋這個規律，讓她摸索到乘法等於加法的快捷形式。例如，我找來提子令她理解 4 粒提子 x 2，等於四粒提子加上四粒提子。

我亦在日常生活中讓 Twiggy 實踐數學原理，我們到茶餐廳時，我要了一個蛋撻，接著就會問她：「如果我叫三件，點樣用乘法嚟計呢？」讓她將數學應用到日常生活裡，「貼地」實踐和練習。

透過實際應用數學後，我再教他背誦乘數表。記得我初時把乘法口訣剪成一張張小卡片，方便 Twiggy 放在口袋，隨時拿出來背誦和複習。但過了一段時間，我發覺這個方法好像沒有太大成效。

用兩年背誦乘數表

我於是改變策略，將乘數表「斬件分段」，就像闖關一樣，要 Twiggy 先背完同一欄的數列，如 2 x 1 至 2 x 9，然後再背下一欄，她花了大約兩年才算背得熟。

但最大的難處是若抽出中間的數列，如 6 x 4、9 x 7 時，Twiggy 往往便答不出來。這時我便引導她退回記得的數列，運用加法找出答案，因為數學應該是理解，而非死記硬背。

作為父母，只要看到孩子有進步肯努力，即使還沒有達到一般人的水平，也不要用負面的話語批評，反而要激勵他們：「慢慢嘗試，而家未得啫，終有一天會掌握得到！」鼓勵是孩子進步的重要動力。

Miss Chan (陳卓琪) 有話說……

讀寫障礙的孩子未必在「死背」上有優勢，但他們有個強項，就是找出規律。所以在記乘數表時，可以運用這強項幫助孩子背乘數表！因為乘數表其實是有規律的！首先除了比較簡單的 1，5，9 的乘數表，孩子還可以將 2 和 8，3 和 7，4 和 6 組合起來背誦，因為這些組合中有特定的規律！

我們用 2 和 8 作為例子，一起找找他們之間的規律吧！

首先，讓孩子運用加的方式找出 2 和 8 首五個答案！你是否能夠找到他們之間的規律呢？

2的乘數表

8的乘數表

其實 2 和 8 正正是相反的！先看 2 的乘數表的個位數字，他們分別是 2，4，6，8，0。那麼 8 的乘數表的個位數字呢？是 8，6，4，2，0。0 永遠放在最後而其他數字則剛好相反。

再看看 2 的乘數表的十位數字，其它數字都不用加，直到最後一個才在十位加 1。

2的乘數表

而 8 的乘數表的十位數字正好相反，除每行第一個數字外每一個十位都需要加 1。

8的乘數表

家長不妨和孩子一同試試，如果將 2 和 8 的乘數表繼續寫下去，便會發現規律是一樣的！所以孩子只要明白這個規律，將乘數表寫到 100 都沒有問題。

很多時家長會問，為甚麼從乘數表中間抽問孩子時他們往往不能夠回答？家長想想他們學習乘數表的目的是要孩子做得快，還是能夠準確說出答案？讀寫障礙的孩子在記乘數表上已經很困難，如果運用規律可以幫助他們準確地找出答案，我們應該容許孩子運用適合他們的學習方法，隨他們的步伐去找答案。

我孩子做功課時經常發脾氣，有甚麼方法處理？

- 為甚麼我孩子做功課時經常發脾氣？
- 我孩子不曉得怎樣做功課，我是否要提供所有答案？
- 找了照顧者替我孩子跟功課，為甚麼我放工回家他還未完成？
- 我孩子說溫習了很多遍也未能明白，如何回答他？

Twiggy (陳卓琪) 的故事

別被功課嚇到了

做功課對於學生是再平常不過的事。但卻因為交上「讀寫障礙」這個朋友，每天卻成了我的擔子，看不見出路的迷茫和困難，讓我承擔著無窮的壓力。

令人喘不過氣的瘋狂日程

提起小學的記憶，印象最深刻是「時間」。我並不是說數學，而是作息時間。一年級後，我每天的行程幾乎都一樣，說出來，連聽的人都覺得喘不過氣。

早上六時半起床，七時上校車，七點九前到學校，八時早會，八時半上課，十二時四十分放學，一點多到嫲嫲家吃午飯，兩點到補習社，四時半結束，五時回到家，私人補習到六時半。一家人吃過晚飯後，繼續未完成的作業，十點多開始溫書，大概十二時睡覺，翌晨重複昨天經歷過的。

是不是快要窒息了？我的小學就是在這窒息的氛圍中渡過。

這個安排是二年級才開始的，一年級時，是我自己先做功課和溫書，等媽媽六時多下班回家，大家吃過晚飯後再教我做功課。奈何她要輪班工作後便無法再每晚指導我了，在我沒有能力完成功課下，便開始了那個瘋狂的日程。

日積月累的情緒

那時我還未知道有「讀寫障礙」，所以無助感就更加大，慢慢更衍生出無法言明和排解的憤怒。回想起來，是因為兩個原因。

首先是我累了。經歷一天緊密的學校和補習生活，我已經身心俱疲。到了晚上十點多，別的小朋友可能休息了好一陣子，或者準備睡覺了，我仍然要面對討厭的功課。在疲倦時還被迫做不想做的事，便會漸漸生出憤怒，折斷鉛筆、拉頭髮、大哭大喊，甚至把書本扔到地上，都是我控制不了的動作。

其次是我的補習老師。數年來我更換過不少補習老師，原因各異。總結下來就是「不理解」。並不是說他們對學業的不理解，而是對我的不理解。

舉個例子。補習老師有次教我地理，我連閱讀和認字都有困難，他居然要我把兩大頁的文字內容背誦和默寫出來。這樣的要求簡直是天方夜譚！但那時我怎麼懂得表達，只能硬著頭皮照做，結果不但浪費了那堂補習，還累積了情緒。

更糟糕的是，這樣連綿不斷，日復日的沮喪無助感，會積聚成龐大的壓力，我的「異常」行為便是在這樣情況下「引爆」了。

最需要的是理解和耐性

所以現在我面對有讀寫障礙的小朋友時，看到的不是他們的憤怒「難搞」，而是他們的無助、沮喪和迷茫。例如有學生把學校形容為監獄，覺得學校就是囚禁他的地方。

也有極之討厭做功課的學生，每次他拉開書包拉鍊已經大哭大鬧，聲嘶力竭，聲音之大，整個樓層都聽得到。回到家時，甚至把作業簿撕碎擲向媽媽。

如此這般的憤怒，怎麼說也不應該出現在天真爛漫的小朋友身上吧。

那麼有讀寫障礙的小朋友需要甚麼？無論是家長還是補習老師，他們最需要的是理解和耐性。他們的確做不到很多學校的要求，但他們需要的不是無情的責備，和自以為對他們好的操練。他們需要的是理解，理解為甚麼做不到，理解他們並非不想做，也不是因為懶惰。

明白之後，請給孩子耐性。為他們拆解學習的步驟，一步一步走，一次不行就兩次，兩次不行就三次。當他們做到了便會消除無助感，減少憤怒情緒，換來的是珍貴的學習興趣和動力。

「趣味」「調適」亦不可少

不要看輕「趣味」的重要。背書、默書必定是一板一眼的嗎？要懂得和孩子在學習中玩樂，在玩樂中學習。記得有位老師想我學會書本中的生字，她叫「1、2、3」我才打開書本，「1、2、3」後蓋上，看我能否默出來。她把學習變成個小小的遊戲，我很喜歡。

家長也要明白，功課的目的並不是為了操練，而是要理解學生的學習情況。我知道有學校會行多一步，面對有學習困難的學生，學校在練習中抽出適合他們水平的題目，再引導他們完成練習。在減少他們負擔和壓力之餘，又能訓練學生的學習能力。

家長如果明白孩子的情況，不妨主動找學校調適，尋找更適合的方法，幫助他們拆開「做功課」這個龐然大物，再慢慢征服。

否則，在如此難搞的「功課」難題前，長遠會影響小朋友和家庭的關係。好像我小時候一見到媽媽，就好像見到「功課」，自然和她有種疏離感。其實媽媽很疼愛我，我也很疼愛她，她真的很無辜。幸好彼此的感情和關係最終沒有被「功課」傷害了。

Twiggy母親岑燕華感言

女兒全人發展才是重中之重

如果用陪伴子女做功課形容為「打仗」，那麼我幾乎每天都要經歷這場戰爭。Twiggy 讀小學時每天都有大量功課，我每次教她完成作業時，都彷彿在打一場心力交瘁的大戰。

看不見盡頭的循環

我明白 Twiggy 上完一天的課堂已經很累，但當有太多功課未完成而我又不想直接給她答案，再加上時間緊迫時，我時常問自己是否還要應付學校的要求？我只能取捨。我知道她很努力，但那種無奈和無助，我看在眼裡痛在心裡，在不斷的循環中我看不見盡頭。

每星期的中、英文默書，頻繁的程度令 Twiggy 肩負沉重的壓力。我何嘗不是。放工回家後，即使已經疲憊不堪，我也要為她檢查功課，看有沒有遺漏，或者做得不妥當的地方。坦白說：「當時我真係好辛苦、好攰。」

那種攰不只是肉體上的累，更多的是心理壓力。尤其當 Twiggy 有大量功課未完成時，她會有情緒波動，不斷扯自己的頭髮、掰斷鉛筆等行為，發洩不忿的心情。

我的情緒這時也會被影響，但我知道，如果我控制不到自己的情緒，一起發脾氣，是無濟於事的。所以我會離開書桌一會，喝一杯水、深呼吸一口氣，待平復心情後再回到她身邊，鼓勵和協助她完成作業。

顧此失彼的歉疚

Twiggy 經常寫鏡面字，將字詞左右顛倒，以及寫漏筆劃等，這時我會拿出正確的字詞，讓她自己對比不同，學懂自己分辨出錯誤的地方。

任何小朋友都渴望父母陪伴，但人的時間始終有限，我觀察到妹妹眼神裡時常透露出：「點解媽媽花咁多時間喺家姐身上？成日忽視我。」確實，因著要幫助 Twiggy 學習，減少了許多陪伴妹妹的時間。

為了各方面的好處，我唯有向專業的補習老師求助，為 Twiggy 安排補習。一來我能夠騰出時間與家人相處，二來改善自己與她的關係，令母女間的話題不再只是圍繞在學業上，減少彼此的磨擦。

不可或缺的不只是學業

學業只是孩子生命其中一個部分，應對生活的挑戰、面對人際關係、學習愛與被愛，這些都是生命中不可或缺的。

即或孩子在學業上難有突破，身為父母仍然要保持開放的態度，盡力包容孩子的不足，建立有愛的家庭環境，相信孩子一定會找到他們的未來。

學業雖然並不是孩子人生的全部，但我也不會縱容 Twiggy 荒廢學習。所以我時刻觀察她是否對學習盡責，用愛和關懷支持她完成學習目標，建立出正確的人生價值觀。這是我身為母親的最大責任。

Miss Chan (陳卓琪) 有話說……

現今的父母都非常繁忙，除了要身兼多職，更要親力親為教導孩子，但當他們未能完成每天的功課時，家長亦束手無策。有些分身不暇的父母便需要聘請其他的照顧者幫忙，教導孩子完成每天的功課，但往往他們仍然未完成其任務，有些功課更需要父母回家後繼續跟進。那麼當孩子有一堆功課時，該如何處理？

與孩子一起把每天的功課分類！功課可以分作以下三個類別：

獨立完成

這些功課是孩子有能力自己完成。通常是：

- 抄寫
- 仿句
- 選擇題

可以根據孩子的能力調整。

部份協助

這些功課孩子需要旁人協助才能完成。父母通常會問，若他們未能完成功課時，怎樣在不直接提供答案的情況下協助孩子完成？

① 孩子閱讀/認字能力比較弱

很多時候孩子未能完成功課，並非因為不明白學習概念，而是不能認讀題目所以未能回答。因此，協助者可以把內容或題目讀給孩子，再讓他們作答。若能力高一點的，可以讓他們嘗試讀一部分，協助者幫忙讀另一部分。

② 填充題不知道如何作答

協助者可以給予多個答案，讓孩子選擇他認為正確的那個。答案的選擇越多，難度就會越高。

③ 做作句或寫作功課時，孩子很多字詞都寫不出來

若這部分的目的是要孩子明白句子結構和構思文章的過程，那麼字詞的部分可以由協助者提供。

需要協助

這些功課孩子可能需要父母的協助才能完成。通常這類別的功課有：

① 專題研習

需要作多方面的研究，從不同的地方蒐集資料並加以分析。

② 創新想法

孩子不但需要理解課題，還要提出新想法。

當把孩子功課的責任交給其他照顧者承擔時，父母必須跟照顧者及孩子坐在一起。

- 讓照顧者了解孩子的能力，孩子可以做甚麼、不能做甚麼
- 授權照顧者發放獎勵給孩子
- 設定大家都同意的獎勵計劃
- 讓照顧者參與怎樣把作業分類。孩子可以自己做的作業，照顧者主要負責處理他們的行為，並確保孩子完成該部分的功課。

照顧者慢慢的淡出，讓孩子可以在沒有別人的幫助下，自己完成更多的功課。

第十章

我孩子溫習時經常都有情緒問題，如何是好？

- 我孩子每次溫習便爆情緒，怎麼處理？
- 我孩子溫習了但為何對提升成績沒有幫助？
- 我已經陪伴我孩子溫習，為何他還有情緒？
- 我孩子溫習了很多遍也未能明白，如何是好？

Twiggy（陳卓琪）的故事

死記硬背徒增溫習的「痛苦指數」

你以為上學、做功課就足夠讓我「受罪」了嗎？才不是呢。我小三時因為成績及功課追不上，從一間很多功課的學校轉到一間較少功課的學校，但這間學校的默書和測驗卻是較多。在這樣的情況下，我溫書的「痛苦指數」卻驟升了。

吃力又難消化大堆溫習內容

很自然的，無論是媽媽還是補習老師，他們督促我溫書的方法，是要我明白及記下測驗或考試的內容，然後再重點溫習詞語。有比較負責任的補習老師，會給我做額外的練習，這些做法似乎無可厚非。

其實這些方法對我而言用處不彰，每每到了測驗時，我的腦袋總是空白一片，原本以為記了下來的內容，一個字也寫不出來。

究其原因，是因為我理解不到學習的內容，不明白當中的邏輯及關連。所以無論我如何死記硬背，和背天書無異，沒有吸收到任何知識。

媽媽和補習老師當時都不曉得為我分拆各個學習的主題，也少有劃分重點。感覺就像一塊大大的煎餅扔在我面前，要我一口吞下，實在吃力又難消化。

死記硬背無助測驗考試

一直以來，媽媽或補習老師幫我在課本中抽取重點及整合內容溫習，卻沒有教我溫習的技巧。到了英國，突然要靠自己溫習便更感困難。明明之前已經溫習了很久，反覆看過無數遍，背得滾瓜爛熟的內容，到測驗或考試時，遇到靈活多變的題目，我便無法把死記硬背的字詞放進考卷正確的位置了。

直到會考模擬考試一敗塗地，但我用口答的成績異常優異，足證我是有讀書及溫習的。這情況引起了體育科老師的注意，評估後發現我有「讀寫障礙」這個欺負我多年的「壞蛋」，我才得到相應的學習幫助。

在那以後，經過多年的摸索，我才漸漸明白，每個人都有適合自己的學習方式，更不用說有讀寫障礙的小朋友。

明白內容的關聯

有讀寫障礙的人圖像記憶比較好，所以在我們學習時，先知悉內容的輪廓十分重要。到溫習時，第一步是先要看大圖畫，也就是內容的梗概。

當孩子有了概念，下一步就是分拆小主題，讓他們了解各個主題的中心內容，以及它們彼此的關聯。有個小小的「貼士」，教科書通常有很多插畫及圖片，它們都是重點內容的詞彙，可以從這些詞彙著手溫習。

當溫習到一定進度時，父母不必急著於要孩子背記內容或者默寫出來，可以讓他們先口述一遍，了解他們的理解程度，明白了哪部份，又不明白哪部份，再視乎情況進行下一步溫習。

在過程中，家長最重要的是耐心，千萬不能急躁，否則小朋友也會跟著你的情緒波動。那時不單只達不到溫習成果，甚至影響父母和子女的關係。

Twiggy母親岑燕華感言

困難及壓力中母女一起成長

每天海量的功課和每星期的中、英文默書，相信是大部分學校的常態。若再加上定期測驗和學期考試，孩子要勤加溫習才能取得好成績。這些要求對有學習困難的 Twiggy 而言簡直是疲於奔命，甚至對從旁幫助她溫習的母親也感到困難及壓力。

先自學弄懂課程內容

坦白說，若時間許可，我每天都盡量騰出一點時間替 Twiggy 溫書，引導她理解課文，因為我相信溫書不只是在考試、測驗前才做，平日也要養成這個習慣。

然而過程中我遇到不少困難。時代不同了，Twiggy 所學的與我當年讀的已經大相逕庭，很多書本內容對我來說都有些深奧。

例如，Twiggy 在小三已經讀地理科，裡面有許多專有名詞是我較少接觸的，甚至英文科的生字也越發艱深。我唯有查字典找尋我不懂的內容，才能解答到她不明白的地方。回想起來，這情況竟然讓我們兩母女一起成長。

分拆溫習內容減輕壓力

看到書本和文字就會生出厭惡感的 Twiggy，往往只能專注溫書半小時左右。

若過程不順利，她更會責怪自己，情緒油然而生。此時我必須控制自己的脾氣，安撫自己也安撫她，讓她先休息一會兒，才繼續完成未完成的任務。

由於 Twiggy 專注溫書時間很短，我會先將她的溫習目標暫時降低，並將內容「拆件」，逐少逐少溫熟每課的重要內容。不過我會告訴她：「媽媽體諒你嘅困難，但係我對你係有期望嘅。」希望這個分拆方法可以減輕她的壓力，令她覺得溫習並不是痛苦的事。

為了讓 Twiggy 能夠先完成每天的功課，待我回家後再幫她溫習，小四時我送她到補習社。但最要命的是我不時需要輪班工作，晚上十時過後才拖著疲倦的身軀回到家，這已經是一般孩子接近睡覺的時間。我疲累時她也非處於最佳溫習狀態，試問又怎會有良好的溫書效果。

我這時唯有再找其他人幫忙，感恩當時有親戚住在附近，十分願意伸出援手為 Twiggy 溫習。我也明白不能太過依賴別人，因此曾經考慮過辭去工作，全職照顧 Twiggy。但礙於家庭環境，我始終當不成全職母親。

停一停，唞一唞

Twiggy 把大部分在家的時間放在做功課上，又要兼顧溫習應付測驗和考試，我們整家很多時都和她一樣身心疲累。我知道我們要適時停一停，如果繼續催迫她的學業，只會像一條被拉緊的橡皮筋般斷裂。

這時我會叫她們兩姊妹放下一切，一家人去玩一天半天，享受家庭樂。這不僅給 Twiggy 唞唞氣，也讓我放鬆心情，短暫的外出休息往往會為之後的學習帶來更佳效果。

Miss Chan (陳卓琪) 有話說……

好多時當父母和孩子溫習時，孩子很容易會爆發情緒和出現很多行為問題，連帶父母都因此出現很多負面情緒，嚴重影響彼此的關係。「先處理情，後處理事」這句話很重要，如果沒有先處理好情緒，就未能好好溝通。每個行為和情緒背後總有原因，父母要找出孩子出現情緒的根本原因才能「對症下藥」。通常以下六種因素會導致他們出現行為和情緒問題：

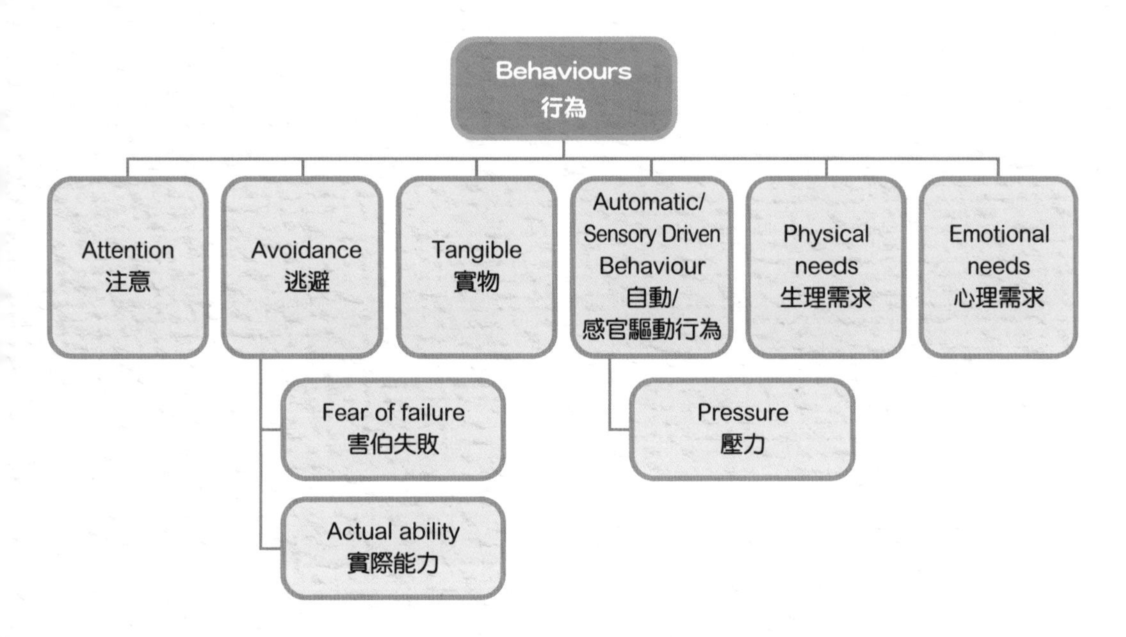

其中一個例子是，孩子溫習時經常會說：「我所有嘢都唔明呀，我唔想再溫書啦！」父母認為背後的原因是甚麼呢？對了，他們正在嘗試「逃避」困難！孩子害怕失敗，覺得自己無論怎樣努力結果都是失敗，為甚麼還要這麼努力呢？他們在學習上沒有成功感，是因為孩子的能力與學校要求的水平有很大差距。而且孩子可以有多過一個原因而引發這個情緒，家長不妨運用以上的圖表分析孩子行為背後的原因。

當孩子有情緒時，先給予空間讓他們和自己都冷靜下來，千萬別在自己情緒失控時管教孩子。用溫和的語氣告訴孩子：「我明白你要溫習嘅內容好多又好難，好多嘢都唔明，所以你先會發脾氣。爸爸/媽媽多謝你表達咗你嘅困難，我亦都知道要溫咁多嘢係好辛苦嘅，不如你比爸爸/媽媽幫吓你？我哋將要溫嘅內容分拆細啲，完成一部分之後我哋獎勵自己一齊玩個兩分鐘嘅小遊戲！」在表達中首先要理解他們的困難並且合理化孩子的情緒，然後多謝他們信任自己去表達情緒。最後，跟孩子訂立學習目標及獎勵！

溫習的技巧：

學習概覽 → 找出仔細內容 → 找出關聯 → 問與答

我常常向家長形容，讀寫障礙的人的腦袋好像中藥舖的「百子櫃」，每個學過的概念就放在一個櫃中，當要抽取時根本不知道應該從哪一處開始。所以當讀寫障礙的孩子溫習時，必須要先了解需要學習概念的整個概覽 (Overview)，根據學習概覽再仔細填補裡面的重點內容。在找齊所有學習重點後，孩子可以嘗試找出概念與概念之間的關聯。最後，他們可以用問答的形式抽取學習到的概念。建立學習概覽是溫習的第一步，亦是很重要的一步。因此我們會分享如何幫助孩子建立學習概覽，以及找出仔細的內容。

① 打開目錄

打開目錄後，畫出一個腦圖。腦圖中間寫下學科的名稱，然後把每個目錄中要溫習的主題都寫在腦圖中。

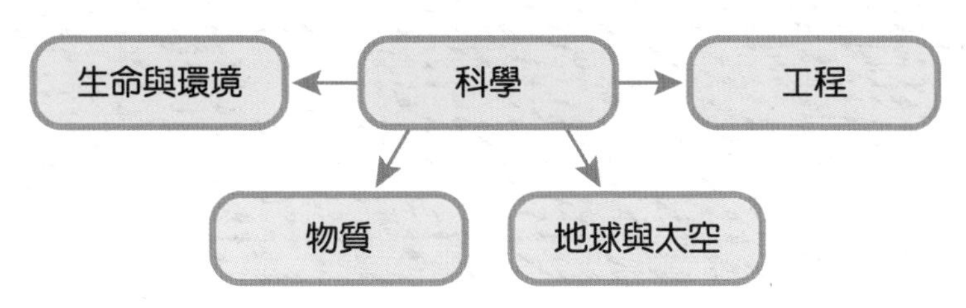

② 孩子識啲咩？

讓孩子看著腦圖，然後根據每個課題說出他學過甚麼，關於這個課題知道些甚麼。將孩子說的內容寫到腦圖中。

③ 找出課題概要

很多時，書本的每個課題最後一部分都有課題概要。先閱讀課題概要，可以讓孩子對這個課題有個大概的概念，接下來會更能夠理解課題的內容，將課題概要中腦圖沒有的內容寫到腦圖中。

④ 看課題標題和副題

打開第一個課題，先看課題中所有的大標題及副題，看孩子是否能夠根據題目說出內容。若孩子說的內容寫或者畫到腦圖中。可以寫或者用畫的方式加進去。

⑤ 關鍵字詞

打開每個課題內容，找出關鍵字詞(keywords)，有時課本上已經標記了這些關鍵字詞。若腦圖中未有這些字詞，可以用字或畫圖的方式加到腦圖中。提一提，孩子需要學習認讀及寫出這些關鍵字詞。

⑥ 看圖畫或圖表

看完文字，可以看看圖片和圖表。通常圖片和圖表下面都會有關於這些圖表的補充或總結。如果腦圖中還未有這些資訊，孩子需要用文字或畫圖的方式加上。

第十一章

如何提升我孩子的學習動機？

- 我用過很多方法獎勵我孩子，為甚麼還是沒有效？
- 如何為我孩子設置獎勵計劃？
- 我不想給物質做獎勵，那可以用甚麼？
- 我如何因應家中不同能力的孩子設置獎勵計劃？

Twiggy（陳卓琪）的故事

一張製作給自己的「學習圖表」

很多時人的痛苦來自於和較自己好的人比拼，學業對我來說已經是個很大的挑戰，如果身邊有學習能力比我好的人，對年紀小小的我來說的確有壓力。

幸好媽媽並沒有讓這樣的事發生，而是告訴我，比較是可以的，但不是和別人而是和自己比。

我看到自己進步的地方

小學時，媽媽為我和妹妹各自製作了一個目標和獎勵圖表，只要我們達到某個要求，就會有相應的獎勵。我和妹妹兩個人的圖表內容並不一樣，妹妹的要求比較高一點，而我因為能力有限，要求沒有那麼高。

回想起來，這圖表很有積極作用。雖然圖表是媽媽製作的，但目標的設定是我們一同商量出來，對應著我的能力。比如說上次默書我零分，下次有二十分，我就是進步和達到目標了。每次都是和自己比，當我有進步媽媽便稱讚，就有獎勵。我感到滿足，隨之而來更加添了學習動力。

雖然旁邊就是妹妹的圖表，但我沒有和她比較的感覺，兩姊妹真的一點點比較心都沒有嗎？那倒也不一定。但我最低限度覺得沒有壓力，有時只會覺得妹妹真厲害，一些我很吃力才做到的事，她毫不費力就完成了。僅此而已。

媽媽製作了這個圖表，不只激勵了我的學習動力，最重要是讓我看到自己進步的地方，才沒有在和妹妹對比下迷失自己。這樣看來，家長灌溉、鼓勵孩子的角色真是非比尋常的重要。

入讀專上學院後

到英國讀中學之後，因為彼邦教育文化和體制的不同，我得到很多在課堂外體驗的機會。例如體育活動、領袖鍛鍊等，讓我找到更多自己的亮點，也就越來越有自信。

高中時我選讀了體育、幼兒教育及經濟學，那時我還不太清楚想做甚麼，只是對自己的興趣有個大概輪廓。因為有探索的空間，那年我全部十六科都拿到優異成績，這是我從前想也不敢想的。

回想起來，小時候會用星星表換禮物作為獎勵方式，但長大後不再只追求物質，而是設立清晰的目標，明確的方向作為動力。我開始清晰看到自己的圖表，越來越專注於自己的亮點，都是以「自己」為挑戰目標，越往前走就越清楚。

給學習賦予意義

我遇過兩個讓我很有印象的學生。第一位學生很喜歡音樂，但對於學習他可以說是零動力，他只是很喜歡音樂，認為音樂可以讓他表達自己，未來想做作曲家和音樂表演的相關工作。

於是我和他一起找資料，如果要從事音樂相關的職業，當下要準備甚麼，以後又要準備甚麼，結果發現良好的英文、數學和樂理知識不可少。他於是開始注入學習動力，不是因為要應付考試，而是有了明確的目標，最後他會考的數學和英文都及格了。

另一位是很喜歡動物的自閉症學生。他很討厭學校，萬分不願意上學，成績欠佳。他形容學校如同監獄，在校內他會想像老師和同學都是不同的動物，這樣才能夠度過學校的時光。但他希望將來成為動物園的管理者。

這是個很冷門的職業，我和他一起找資料，看哪間大學有這門學科，又有甚麼和動物相關的職業，然後朝著目標準備、前進。

在有明確的目標下，最大的改變是他們二人的學習動機不同了。他們的學習不再為了滿足他人的要求，而是為了達到自己的目標。給學習賦予意義，就是每個人都需要有的「自己圖表」。能夠了解興趣，尋找方法，對讀寫障礙的孩子尤其重要。

Twiggy母親岑燕華感言

嘗到「甜頭」努力超越自己

有人說，學習是孩子自己的事，學業成績進步了，是他們努力得來的，是應分的，為甚麼要獎勵？也有人說，孩子成績提升了，也可以適當給予一些獎勵，激發孩子的學習動機，讓他下次做得更好。我覺得為了鼓勵他們學習，適當給予一些獎勵是可以的，但不能太多，而且還要看孩子的特性而制定。

自己和自己的成績比較

為此我給 Twiggy 兩姊妹制定了獎勵計劃，但她們的性格和目標不同，所以計劃內容亦有別。以針對 Twiggy 的計劃來說，我希望可以增加她的學習動機，提升她的自信心。

制定計劃前，我與 Twiggy 達成共識，她與妹妹的學習模式不同，所以她只要檢視自己的學習進度，與之前的成績作比較便可以了。之後我會問她想要甚麼作為獎勵，因為要先了解其喜好，獎勵才能發揮最大效用。但如果她想要到日本旅行作為其中的獎勵，那就有點不現實了，我也不會答應。

記得在 Twiggy 讀初小時我會用食物作為獎勵，到她讀高小時便轉用代幣的方式儲分數，達到某個分數便有獎勵。獎勵的方式要配合她成長的理解力，才能發揮到作用。

達到獎勵計劃的目標亦切忌太難，太難實現便難以激勵到孩子。達標準則要按照她的能力作調節，讓她較容易嘗到「甜頭」繼續努力。例如做到首個目標便帶她行山，做到第二個便到沙灘玩等等。

盡量避免以現金作獎勵

獎賞方面，我會讓 Twiggy 選擇想與家人進行某些活動、要實物或者零用錢。與一家人的活動可以簡單至到公園玩、去離島一日遊，或者到餐廳飽吃一餐，視乎目標的難度而定。

有時可以用實物作為獎勵，我會在日常生活觀察，有哪些物品是她很想得到卻並非是必須品。千萬不能以生活必須作為獎勵的條件，因為無論孩子的成績多糟糕，都不能剝奪她的基本生活需要。

我很少用現金作為獎勵，因為我想孩子明白讀書是他們的責任，不應該和金錢掛勾。但如果她為了達成某個目標而要額外的金錢，我才會另作考慮，但金額方面我會從長計議。

以不同方向設定獎勵

若想獎勵計劃運作順利，父母必須言出必行，不能欺騙孩子亦是非常重要。如果父母星期日不能和孩子行山，就不要把此作為獎勵。不能兌現的承諾只會破壞信任，計劃就會失敗。不妨每個月調整計劃，配合父母的時間和孩子學校課程的安排。

Twiggy 是個努力及負責任的孩子，但她的努力有時未能反映在成績上。所以我會綜合考慮她的成績和主動性，視乎在該段時間我想她改善那個表現，再以不同方向設定獎勵。若她努力後仍達不到目標，我也會酌情獎勵。計劃最重要是希望激發她自主學習，從中得到自信。

要獎勵計劃持續有效，不需要急於求成，而是希望孩子最終達成目標。

Miss Chan(陳卓琪)有話說……

為了培養孩子的學習動機，我們需要和孩子訂定非常明確的獎勵制度。很多父母會以食物、看電視時間或小禮物作為獎勵。那還有其他獎勵方式嗎？

即食遊戲

家長和孩子一起玩一些短而快的遊戲，通常在兩分鐘內可以玩完。這些遊戲包括有過三關、尋找差異處、尋找隱藏物品，完成一段溫習後，父母可以獎勵孩子玩這些快速遊戲。但確保這個溫習段落不要太長及太難完成，否則他們會失去溫習的動力。

持續遊戲

為甚麼學習不能變得有趣味呢？家長可以嘗試用遊戲貫穿整個溫習，孩子可以邊玩邊溫習。例如，正確回答問題後便在棋盤遊戲上移動棋子一步，或在房間裡找出不同的拼圖來完成不同的題目。以下是家長在孩子溫習時可以和他們一起玩的兩個遊戲！

解鎖神秘禮物

父母告訴孩子，袋子裡藏著一份秘密禮物，但禮物被密碼鎖鎖住了！當孩子正確回答問題後，他們可以猜測密碼一次並轉動密碼鎖。若孩子能夠回答難度較高的問題，父母可以透露密碼鎖的提示給孩子！

拼拼故事

為了激勵孩子閱讀，家長可以將課文分成不同的部分，並將其藏在房間的不同角落。每找到一塊內容，孩子必須先把它讀出，然後才能繼續尋找下一塊。讀完所有課文內容後，孩子把整個課文再組織一次。對於程度較高的孩子，父母可以設定時間，讓過程更添刺激！

父母和孩子溫習時，經常會出現衝突的場面，這些衝突可能會慢慢破壞他們的關係。但在遊戲過程中，孩子不僅感受到學習的動力，也加強了親子關係。

第十二章

如何協助我孩子交朋友？

- 我孩子告訴我小息時沒有朋友跟他玩，我該怎麼辦？
- 如果想找學校協助可以跟誰溝通？
- 我是否應該教我孩子派小禮物給同學？
- 我孩子只有一個好朋友，但那一位朋友不想跟他玩，他又不肯交新的朋友，我該怎麼辦？

Twiggy（陳卓琪）的故事

蹣跚友誼路

在我最早的童年記憶裡，很大部分都是「孤獨」的。

朋友的熱鬧與我無關

學校的小學部和幼稚園部同處在同一個地方，中間隔著個操場。妹妹在幼稚園部，穿過操場再往樓梯走兩層就到我的班房。

可能因為成績欠佳和不善言辭，我沒有朋友。記得小息時，我的活動軌跡都是走下樓梯站在樓梯口，看著在幼稚園上課的妹妹。對了，偶爾一隻眼睛長期包著紗布的同班同學「獨眼龍」會和我閒聊一會，所以我還是算是沒有朋友的。

別的同學常常在操場上跳橡皮繩、吃零食，三三兩兩一起聊天，這些的熱鬧與我無關。我漸漸覺得不能坐以待斃，要嘗試結交朋友。

「替人揹鍋」的友誼

小朋友對人情世故的了解十分有限，我當然想不出甚麼妙計去認識朋友。我小小的腦袋得出的方法就是「替人揹鍋」。有次坐在我前面的同學忘記帶書本，我輕輕拍了拍對方，然後把自己的書本給了她，被老師罰的當然是我。但我的想法是被罰一次，如果能換來一個朋友，值得嘛！

可惜那位同學過後也沒有和我玩，小息時我依舊走到樓梯口看著妹妹上課，還有偶爾聊天的「獨眼龍」！

在深底處拉了我一把

在小二的下學期，發生過一件有點奇怪的事。那時潛規則是班長的職位由品學兼優的學生擔任，但在那學期班主任居然叫我做班長。大家都知我成績怎麼看也不算好，人緣又一般，怎麼想也不明白老師怎會找我做班長！

現在看來其實很簡單，就是老師想幫我交朋友也好，幫我建立信心也好，總之就是很明顯的善意。我當時怎會明白，只是隱約感到這個任命是根救命稻草，班主任的決定不啻是在深底處拉了我一把。

最後我在轉學前當了兩、三個月班長。雖然那時我並沒有因為當班長而交到朋友，但我小小的自信確實因此得到灌溉。我想，這件事比交到朋友更讓我銘記。

後來我在小三轉去了新的學校，我還是沒有順利交到朋友，這時爸爸就出動了。他帶著數字球到學校，和我一起在操場邀請同學一起玩。他先示範，然後就把「大旗」交給我。慢慢地，有不少同學聚了過來。可惜老師不許家長進入操場，把爸爸請走了，我的救星也沒了。

我的第一班真正朋友

說到我人生第一班認識的朋友，要數小四時校隊的同學們了。

那時候我參加了校隊，無論是小息還是放學後，我經常留在校隊裡訓練，自然就和校隊的同學們相處多了。

校隊隊員算是校裡較「頑皮」的一群，其實也並非不乖，最多是上課走走神，有時候抄抄功課。因為那是間聲譽不錯的學校，所以顯得我們這群不太在意規則的學生「有點特別」。

升中時我到英國讀書，我便明白到他們真是我的朋友。送機、送禮物，就算遠在他國還會常常聯繫。後來我甚至曾遠赴美國探望其中一位，我們真的是很要好的朋友。

找到亮點及興趣朋友自然多

在英國我接觸到更為開放的文化，學校裡有來自內地、泰國、印度的同學，認識到很多不同地方的文化。例如大家會在自己的傳統節日中和別人分享食物和習俗，相比在香港讀書時同學都十分在意成績的氣氛，我在那裡得到喘息的空間，以及更多結交朋友的機會。

或許是小二那位老師，又或者是成長經驗。家長們要明白，孩子讀書成績未如人意，不代表他們全部的能力。家長要找到孩子的亮點，並且加以讚許，幫助他們建立信心，讓他們敞開心胸交朋友，家長就是孩子自信最大的來源。

家長不妨多著眼校外的活動和生活，發掘小朋友的興趣及長處，只要找到自己的亮點及興趣，擴闊社交圈子，自然增加認識朋友的機會。

要知道如果孩子沒有朋友，他們在學校就沒有甚麼好期待的了。父母有時會想，孩子有沒有朋友關係不大，但對孩子來說這是很重要的。學習對他們來說已經很困難了，如果沒有友誼的支持會變得更難。

Morris 及 Curtis 兩個家庭的感言

孩子被欺凌，家校怎合作？

有讀寫障礙的小朋友在學校不時遭到欺凌，雖然事情是發生在校園，但主角是孩子，因此應對此事不僅學校有責，也需要家長的參與。我在這一篇請來有讀寫障礙的 Morris 和他母親 Jowei，以及 Curtis 及其母親 Stephenie 和父親 Philip，了解他們怎樣面對這情況。

孩子在校園遭到欺凌，老師及學校能否提供協助？

Jowei：遇到有責任感的班主任，他一定能夠提供幫助。如果碰到多一事不如少一事，少一事不如無事的老師，家長的確會處於十分困難的境況。

有次我發現 Morris 身上有被人打的瘀傷，我們拍了照後向學校投訴。事情到了副校長那裡，怎料他與對方家長關係良好便想息事寧人。幸好班主任直接找校長，校長知道後立即處理，那次我們遇到好的班主任。所以說學校是否幫忙，關鍵在於孩子遇到甚麼樣的老師。

家長又可以怎樣幫助孩子？

Jowei：有次他在學校又被同學欺凌，他打電話給我說要我接走他。他雖然說不出具體內容，但我接到這樣的電話便知道他出事了，即使我在公司，也立即離開辦公室接他。

孩子向父母作出這樣緊急的呼求，父母就必須盡快出現，要讓他知道父母是支持他的。隔天他要回校上課，在校門外他大哭不肯內進，我狠心甩開他的手，由學校社工帶他入校，並向我保證不會讓欺凌他的同學接近他。直到小六，那位同學再沒有和 Morris 同班。

妳忍痛甩開Morris的手時是怎樣的心理狀態？

Jowei：我不能陪他上課，但我信任那位社工，Morris 也信任他。我相信上天會保護我的孩子，而且孩子總要學習面對。回想起來，我也懷疑對當年一年級的孩子來說，他是否太早面對這些情況？當時是否應該替他轉校？

Morris 也提過被同學欺凌而不想上學，他不是懶惰的孩子，這樣提出是他有些難以面對的事。父母要信任孩子，即或他表達欠佳，但他是在向你求救，他覺得父母是可以救他的人。他很幸運，有位好的班主任和肯做事的社工，所以我忍痛放手讓他在跌碰中成長。

妳有沒有想過轉校？

Jowei：有！但當時校長答應會認真處理這件事，而老師也有和欺凌 Morris 的同學的家長溝通，請他們帶小朋友做評估等。再加上那時小學學位緊拙，不是最佳轉校時機。

Morris，你覺得媽媽這樣處理你被欺凌的事恰當嗎？這些事對你今天有甚麼啟發？

Morris：我今年中六畢業，回想起來我覺得媽媽當年的決定是正確的，透過這些事我學習到很多。長痛不如短痛，在小學有這些經歷，可以讓我學會在中學時更好跟同學溝通，展開新的人際關係，所以是非常寶貴的。

如果在讀小二時你給同學有某個印象，到小六時大家仍然會覺得你還是小二時的你，父母改變不了同學對我的刻板印象。父母最能夠幫助到的事，是孩子在瀕臨崩潰時向學校反映。

Curtis 在學校有沒有遇過被欺凌？

Stephenie：當然有，有次老師突然來電，說 Curtis 有些不妥，哭過不停。我到學校後發現 Curtis 被老師打手背和扭鼻子。原來那位老師因為受傷而需要坐輪椅，老師叫 Curtis 取上格的 ipad ，但 Curtis 拿了下格的，老師便打他手背。還有 Curtis 因為欠交功課，又被這位老師扭鼻子。

我們翌日便到學校約見班主任，希望他可以幫忙處理此事。

另一次是上電腦課，當時 Curtis 不太懂得用電腦，他被同學整蠱開啟了色情網站。老師發現後便罰他，要他寫悔過書。爸爸了解事情後，到學校據理力爭，說 Curtis 不會寫悔過書，並且要求老師向 Curtis 道歉。

又有位同學經常打 Curtis，有一次 Curtis 用手擋開，這位同學自此再沒有欺凌 Curtis。孩子要學懂面對，嚴重的事父母便要幫忙。

Philip：香港人要不是很有禮貌，便是很粗魯。Curtis 很有禮貌，我便教他粗魯一點，以便他能夠在惡劣的環境中生存。有些事情的確自己克服比父母介入好。

Curtis：同意，我剛完成中五，回想小時候確是需要父母幫忙，長大後大多要靠自己。自己要懂得分析為甚麼別人會欺凌我，可能自己太懦弱，對方知道你懦弱就會更想欺負你。所以要掌握別人的心理，令自己進步。

Philip：欺凌者的內心其實是很懦弱的，但當知道他的目標會反擊時，欺凌者便會收手。

怎樣把握何時要找校長，何時要讓孩子自己面對？

Jowei：我會看孩子身體有沒有損傷，如果有受傷便要找校長。若只是言語上的欺凌，我會先找老師溝通。有時老師並不知情，那要看老師怎樣介入。有次我直接找欺凌者的家長對話，但對方孩子不肯承認我也沒有辦法。

Stephenie：通常我們會讓他自己應對多於投訴，如果孩子被老師打或被錯誤處分，就一定會找學校溝通。

Philip：跟學校溝通是種藝術，不同事情可能有不同方法。大前提是大家都是為孩子好，所以可以像合作夥伴那樣溝通。但老師作為教育工作者，不應該採取息事寧人和退縮的態度，如果遇上這情況便要嚴肅處理，可能要提升至校長層面，或者讓老師知道遮遮掩掩的後果。

Miss Chan (陳卓琪) 有話說……

孩子有時會發現很難在學校交朋友，因為他們可能感覺到與其他人有些不同。對有讀寫障礙的孩子來說，朋友是很重要的，因為友誼可以成為他們上學的重要動力，也可以建立強大的支持網絡，在需要時尋求幫助。這裡有個 3D 的方法，幫助父母引導孩子建立友誼！

Define friends (定義朋友)

父母要跟孩子定義甚麼是朋友。

Draw the friendship circle (畫出朋友圈)

若孩子對友誼沒有明確的定義，他們可能不為意一些人實際上已經是他們是朋友。引導孩子畫出朋友圈，並讓孩子定義，與每種類型的朋友在一起時會做甚麼、有甚麼感受。例如，最好的朋友是那些你可以告訴他你的秘密、分享你的興趣、你喜歡的東西，並且當你和他們一起時，你感到快樂和舒適的人。若果孩子有困難分辨不同程度的朋友，建議可以先跟孩子做家人的親密圈。

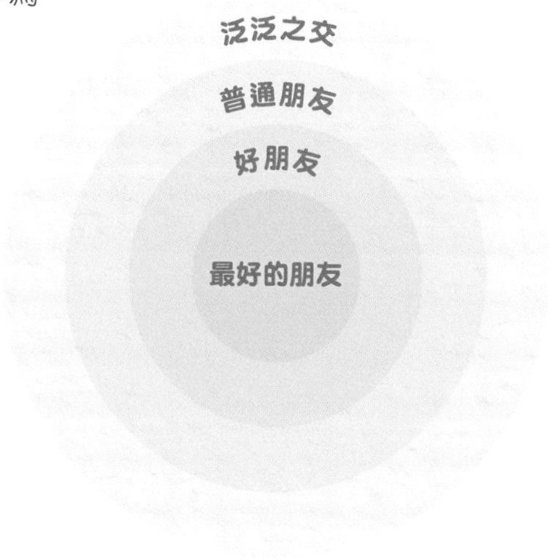

泛泛之交

普通朋友

好朋友

最好的朋友

畫好朋友圈後，孩子便可以說出生活中符合各類型朋友標準的人。

Do role-playing (角色扮演)

父母可以跟孩子一起討論結交新朋友時，適合開展的話題。想好如何開展話題後，父母便透過角色扮演與他們在家中練習。待孩子更有自信，父母便可以應用到現實生活中。例如父母可以帶他們到公園，嘗試和另一位孩子交談，模仿在家中的對話。父母亦可以主動帶領一些團體遊戲，例如捉迷藏，一開始有父母參與，之後慢慢淡出，讓孩子和對方打交道。

怎樣激勵我的孩子？

設定獎勵制度！與孩子設定建立友誼的目標，如果他們說已經完成了任務，你詳細詢問過程後，孩子便可以獲得小小的獎勵。以下為一些建立友誼的例子：

① 小息時與新朋友交談

② 和新朋友玩捉迷藏

③ 與新朋友分享食物

第十三章

如何處理好家庭關係？

- 我很疼愛我的孩子，為甚麼我孩子很痛恨我？
- 我每日都要上班，我如何才能平衡分配給每位孩子的時間？
- 當我跟我孩子處理功課和溫習時，如何減少磨擦？

Twiggy（陳卓琪）的故事

我有個和諧的家，除了……

母女珍貴的愛，是不應被外在的事左右或影響的，即或是因為功課也不應該被扭曲、變質甚至犧牲。但是在我讀小學，特別是我經常遇到學習困難時，坦白說，我和媽媽的感情並不算好。

媽媽就等於功課

在我讀初小時，我和媽媽的關係特別緊張。那時候她還未替我請補習老師，也未送我到補習社輔助我的功課。每天吃過晚飯，她都會親自督促我的作業及溫習。當時我讀寫障礙的面紗還未被揭開，我們就時常因為功課而弄得很不愉快。

每晚坐在書桌前，面對那些怎麼學也學不懂的東西，我很快便開始感到苦惱煩躁。這時，坐在我身旁的媽媽也跟著苦惱煩躁起來。

所以我更願意待在嫲嫲家，因為對於我，媽媽就等於功課，回到家就等於準備開始艱苦的作戰。可想而知在這樣的心情下，我和媽媽的關係一定不會好。

親戚的關心功不可沒

雖然我們的關係被學業折磨著，但除了這美中不足的一點，我的家庭是美好、融洽和快樂的。甚至在我沮喪時，我在家庭中得到很大的支持和安慰。

首先要說的是一班親戚。爸爸那邊是個大家庭，大家的關係很親密，常常相約去玩樂、行山。理所當然地，大家也會關心我們兩姊妹，玩具、零食及陪伴都一一不缺。

沒有比較的兩姊妹

還有更重要的一點，就是爸爸媽媽從來不拿我和其他人比較。

妹妹比我小兩年，她的學業成績很了得，媽媽幾乎不用為她的功課操勞。有些我不會做的作業，妹妹都可以教我完成。但他們從來不拿我和她比較，更不會偏心。

例如妹妹想買衣服「扮靚」，我說不需要。媽媽就會說，其實我穿也好看，然後便一人一件。媽媽也好，爸爸也好，從來不會只給我們其中一人買東西，也不會只帶我們其中一人出門。

我擅長體育，贏了比賽，爸爸媽媽會為我慶祝；妹妹很喜歡買衣服和裝扮，她考試取得好成績，爸爸媽媽亦會買妹妹喜歡的衣服滿足她。爸媽不會以同一標準衡量我們，總會支持我們各自的強項。

回想起來，在成長過程中，我對妹妹總是羨慕，而非妒忌。

和睦家庭需要我們，甚至親戚們的智慧，透過適當的互動努力維護及建立。除了幼時因為我的學業引發的「風波」，幸福及和諧基本上是我家的常態。家庭更是我的避風港，我趁此必須向父母親及一眾親戚說句：「謝謝。」

Twiggy母親岑燕華感言

心力交瘁下的歉疚感

有否想過，一個人愧歉感得最大的，往往是對最親近的家人。這些愧歉部份可能由環境造成的，也有些可能是不經意的。

「個女唔係好想見到我」

隨著 Twiggy 讀的年級越高，功課的數量越多，她開始無法獨自完成，我每晚要騰出八、九成休息時間幫助她。到她讀小三那年，我們的關係猶如一條拉緊了的橡筋，經常因著功課而彼此角力，大家同受傷害。

「我 feel 到 Twiggy 唔係好想見到我。」因為我的出現無形中與功課連上關係，令她感受到莫大的壓力，顯出十分惆悵的樣子，有時甚至會扯頭髮發洩情緒。

看見她的無助，我不但痛心，自己也很辛苦，內疚感油然而生。我問自己：「係咪用錯方法教佢？係咪逼得佢太緊？」甚至想：「係咪佢出世時因為要吸出嚟，整親佢個頭，搞到依家咁？」

Twiggy 讀小五時，我意識到情況要有改變，不能因為功課而破壞母女關係。我於是送她到補習社處理功課，又聘請補習老師幫她溫習減輕我的負擔。而自己趁機進修，一來製造「me time」，二來亦讓她知道，媽媽和她一起經歷學習的辛苦過程。當然，我每晚仍然要「補底」確保其功課沒有甩漏。

逼不得已的「忽略照顧」

處理 Twiggy 的學業，我已經幾近心力交瘁。在不得已的情況下，我沒有太多時間照顧小女兒 Carlie。我對她的忽略內心是歉疚的，感覺到好像沒有做好媽媽的職責。

感恩 Carlie 自幼就很「聽話生性」，讀書成績又好，我知道她自己能夠處理好，無需要我操心，大大減輕了我的壓力。當我因為 Twiggy 的功課而鬧情緒時，她會哄我開心，毫無怨言地體諒姐姐和我的情況，我心裡經常很感恩自己有個這麼懂事的女兒。

但我也意識到要增進一家人的關係，不能忽略家中每一個成員。為了增進大家的關係，每逢假期我和丈夫都會安排全家遊山玩水，一起學習柔道等，期望透過愉快的「family time」，讓兩姐妹感受到，媽媽沒有偏心任何人，她們都是我深愛的女兒。

Twiggy 和 Carlie 的性格和能力雖然不同，但彼此的關係融洽。記得小時候有次 Carlie 被陌生人騷擾，Twiggy 便挺身而出保護妹妹。而 Twiggy 遇上功課困難，Carlie 也會指導她，她們這麼要好的感情令我十分欣慰。

觀點不同的感恩

每天照顧 Twiggy 的，還有住在樓下的嫲嫲。我的教養方式是嚴厲的，與嫲嫲的截然不同。上一代認為：「寵愛孫女是理所當然的。」在這個情況下，Twiggy 自然疼愛嫲嫲多過親我。我是理解的，但卻感到不是味兒，更會吃醋。傾盡全力幫助她，換來的卻是她和嫲嫲的不理解。

我與嫲嫲間不時因為教養 Twiggy 的觀點不同而發生磨擦。丈夫見我們爭執便出言調解，但「手心手背都係肉」令他左右為難。我對他說：「你最好出少句聲，呢啲嘢由我哋去解決，多隻手插埋嚟只會增加麻煩。」

幸好嫲嫲是位明事理的人，她知道大家都是為了 Twiggy 好。爭拗後，很多時嫲嫲都會主動向我示好。事實上，我一直很感恩有嫲嫲在我們身邊，減輕了我不少重擔。

擺脫獨行的感覺

經歷了漫長的照顧過程，我深深體會到，因著每個人都有自己的經歷及想法，要整個家庭都用同一個教養方式，實在是天方夜譚。若在沒有家人理解下，便要思考如何轉化自己的方法，又或怎樣說服家人和自己同行，否則自己便宛如獨行俠般感到十分無助。

家庭相處之道在於互相體諒，雖然爭執在所難免，但目標都是想孩子健康成長。大家盡量站在對方的角度思考，不要堅持己見傷害了家人間的關係，從磨合中找到清晰和共識的價值觀，是解決紛爭的不二法門。

Carlie Chan（Twiggy妹妹）的回憶

我也需要被稱讚！被重視！

我的學業成績一向不錯，別人看來，我的童年應該過得「輕鬆」吧。但恰巧我有位後來被評估為有讀寫障礙的家姐，我便過得不是那麼「輕鬆」了。但不要誤會，我絕非怨恨她，相反我們姊妹的感情十分要好，只是回憶起我們兒時的點滴，不知為何生活就變得難以概括。

帶來家中氣壓驟變的源頭

家姐的學業問題，或許是少有牽動我們家的「緊張」主題。她比我大兩歲，但從讀小學起，我便幫助她功課上的困難。每次看到她滿江紅的成績，我會想：「你死梗啦！」

果然沒多久，媽媽就教訓她了。我不時受媽媽之托拿「刑具」嚇一嚇她，其實每次媽媽最後都只是口頭罵，但見到家姐被教訓我也惴惴不安。記得有次我怕她受苦，我拿了把最小的。但又怎逃得過媽媽的「法眼」，還不是要……

家裡的整體氣氛是融洽的，但每每面對家姐的學業，雖然不至於「家嘈屋閉」，氣壓總會驟變。那時年紀還小的我，唯有用僅有的能力做些家務，減緩煩躁氛圍。不夠高，就拿桿子把衣服撐到晾衣管上，幫得多少得多少。

我才是家姐，甚至像媽媽？

小四那年，是我主動說要去英國的。當媽媽問家姐「陪唔陪阿妹去 ？」當時，我想說：「我可以照顧自己的」。總之後來不知怎的，家姐也一起去了。

到了英國，我們在同一所學校，我在小學部，家姐在中學部。生活的地方不同，所以見面機會不多。雖然如此，「被求救」的日子並沒有結束。儘管我比她低兩級，她仍然不時問功課。

我很適應英國的環境，倒是不時接到媽媽的電話，說家姐打電話回香港哭訴，她的學業及適應都有困難，吩咐我多關心她。

到中六、中七時，家姐有了自己的住所，我常常往訪。不知是我的天性還是習慣「照顧她」，入屋後我便打掃、收拾、煮飯，我忙著時她多在睡覺。我常覺得自己是家姐，甚至像媽媽。

除了術科，家姐的體育科是出色的，所以我從來沒有覺得她不如我，只是各有所長。但不得不承認，有時面對她的學習困難，功課做了多次也出錯，我也不免會嘆一句「又來？」

我好像被忽視了！

長大後發現，幾乎每個人的童年都有傷痛。但我承認，因為家姐，我的童年多了一些難以表述的感覺。

小朋友很重視慶祝生日，恰巧有六位親戚和我同月份生日，每到那個月，大家會合辦生日派對。記得有一年，派對在我生日那天舉行，但蛋糕上卻沒有我的名字，我簡直是晴天霹靂。更讓人傷心的是，派對到了一半才有人說：「原來今日亦係 Carlie 生日，我遲啲補買禮物俾妳！」

我那時候覺得，和家姐相比，我在家已經是被忽視的那個，那天我更發現，原來在一衆親戚裡也是如此！

還有次我考試有三科拿了九十七、九十八和九十九分，無論以甚麼標準來看，都是很好的成績。我給媽媽簽名時，十分期待，期待她的稱讚。但她一句話也沒有說，真的一句也沒有。

相反有一回我有一科失手，考得差了一點點。我戰戰兢兢走到媽媽面前，這次她有話說了：「我對你好失望。」她不稱讚就算了，我只是偶爾失手，她竟然說出這樣重的話，這對小朋友有多大打擊啊！

但家姐偶爾考了合格，媽媽就大讚特讚。回想起來，我之所以想去英國，或許很大部分是為了建立自己。

爸爸媽媽其實對我很好，但在成長過程中我的確感覺媽媽更愛錫家姐，把大部份時間給了她。甚至在英國時，也是同學的父母陪我去找學校，陪我去面試。

身為兩個兒子的母親，我更能夠理解昔日媽媽的想法和難處。大兒子較為體貼，小兒子較為外向活潑，我時常提醒自己，要多留意、陪伴他們。我不想一碗水端不平，給他們感覺我偏袒其中一個。

現在我鍛鍊出自己完整的人格，不需要別人來肯定，我更不會埋怨家姐、媽媽。不過我想說的是，有讀寫障礙的小朋友在學習上困難重重，父母固然要多費心力在他們的學業上，但也千萬不要忽略了其他孩子，他們的需要不比別人少，他們的童年也同樣重要。

Twiggy學生家庭的分享

父母因材施教，家庭樂也融融

很多有讀寫障礙孩子的家庭，往往因為小朋友的學習困難，導致父母對孩子的教導方法產生分歧，影響彼此的關係。為了贏得成績，卻輸掉了心靈連繫。我再請來 Morris 和他母親 Jowei、Curtis 及其母親 Stephenie 和父親 Philip 兩家人和我們現身說法，他們又怎樣走過來的呢？

家庭因孩子的成績有磨擦怎麼辦？

Philip：父母有時太緊張孩子的成績，所以我經常提醒自己，不要太在意 Curtis 的學習。我也是在讀中學的後期才發力，雖然我沒有特殊學習需要，但父母也沒有太管束我的學業。

我聽過很多例子，父母希望孩子完成他們未能完的夢，最後往往適得其反。我更有朋友的孩子，因為要達成父母的期望，最後要看心理醫生，我不想見到孩子這樣。

Stephenie：在 Curtis 未評估有讀寫障礙前，我們的確是有磨擦的。當時 Curtis 讀 K1，他怎麼努力都寫不到『a』，我很生氣。評估後我知道他眼中看到的『a』字與我們的不一樣，難怪他總是寫不到。當時我非常內疚，從此不再因為學習而遷怒他。

現在回想起來，幸運地他遇到位很好的幼稚園老師，這位老師觀察到他有抄寫問題，報告給校長再轉介他做評估。但當時 Curtis 已經讀 K3 了，所以 K1和 K2 這兩年我們有很多磨擦。

家中的教育方針父母會有意見不一致的時候嗎？

Jowei：Morris 的父親和 Philip 的父親相似，他們的父母也很少介入他們的學習生活。但時代不同了，現在的孩子兄弟姊妹不多，所以他們得到較多的關注。

Morris 被評估有學習障礙後，他父親仍是不太明白，所以在教 Morris 做功課時很容易失卻耐性，也很無助。而我的看法不同，亦有自己的方法，因此我們有時會有磨擦。

我們最終協調出一個方法，因為我們家養了一隻狗，Morris 的父親被分配去照顧狗狗，而我則負責 Morris 的功課，夫妻二人分工照顧孩子和家庭。

Stephenie：Curtis 的學習大多由父親負責，他很用心以泥膠和 Curtis砌字、拼字，每天一個中英文字，由此 Curtis 學到了幾百個生字，父子也樂在其中。

Curtis 和 Morris，你們認為父母最重要有甚麼特質，以協助你們有更好的學習？

Curtis：父母除了要給予我信任，堅持也是非常重要。以用搓泥膠、砌拼字這件事為例，如果爸爸沒有恆心堅持，便不會有現在的效果。還有的是父母要有很好的情商，沒有孩子喜歡被責罵，不要輕易動怒，要克制忍耐和理解。

Morris：父母不單只要信任，還要尊重孩子。有些父母只一心相信孩子做到，但那只是他們的相信，並沒有尊重孩子是否想做到。如果父母尊重孩子，讓孩子決定想做甚麼，那麼孩子的發展肯定會更好，所以尊重及聆聽孩子的需要是非常重要的。

父母的參與是否重要？

Philip：家長的參與很重要，但很多時家長想把責任外判，請其他人代勞。效果肯定沒有父母親自參與好，家長參與時也同時找到自己的樂趣。自己子女的成長，確實很多時需要拖自己「落水」。

Stephenie：我很同意，以提供給讀寫障礙孩子父母的課程為例，很多內容是教導照顧者怎樣照顧子女，目的是要讓父母參與。教育是長遠的，父母必須親力親為。

Miss Chan (陳卓琪) 有話說……

不同的家庭成員各有不同的需求，有時很難為每個人分配時間。父母常說，他們的時間是如此有限，怎樣確保家裡每個人都感受到被愛，尤其是有多位孩子的父母。但有沒有想過，是時間重要些還是質素重要些？當我們向家人表達愛意時，要識別他們愛的語言，確保他們在有限的時間內感受到你的愛和關懷。以下是父母可以向孩子表達愛的五種愛的語言。

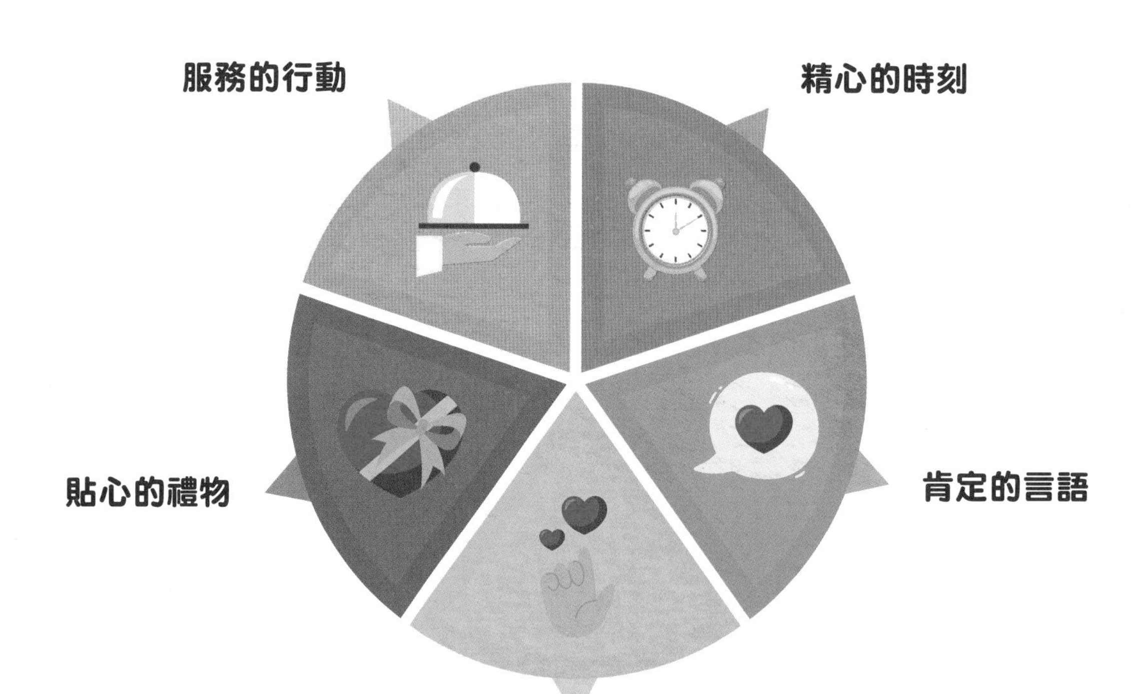

服務的行動

- 送孩子上學 / 接放學
- 煮一餐孩子喜歡的食物
- 帶孩子到他想去的地方玩

精心的時刻（單獨的時間）

- 到海灘一起玩
- （年紀較小的孩子）晚上一起睡覺
- 一起做手工

肯定的言語

- 具體地讚美，針對努力並非能力
- 強調「行為」而非「人」
- 讚賞「過程」而非「結果」

身體的接觸

- 給孩子一個擁抱
- 拍膊頭 / 頭
- （年紀較小的孩子）親一親

貼心的禮物

如何知道孩子喜歡甚麼禮物？

- 行街時多留意孩子有沒有不停看 / 玩某一種玩具（身體語言）
- 傾談時，孩子是否有透露喜歡的東西

每個孩子愛的語言不一樣，因此家長要多觀察他們的舉動，根據孩子的需要去表達愛和關心，他們才會接收得到，對家中其他成員更是如此。無論孩子是否有讀寫障礙，都需要父母有質量的一對一陪伴。有親密的親子關係，能夠讓孩子更有勇氣面對生活上的困難和挑戰。

展望未來……

在父母的眼中……

XX課程
拒絕
XX訓練局
拒絕
職業學校
拒絕
專上學院
XX公司
拒絕
拒絕

第十四章

如何協助我孩子發掘強項？

- 可以從哪方面找出我孩子的強項？
- 我孩子只是喜歡打機、吃東西和睡覺，可以如何建立強項？
- 我孩子對所有東西都是三分鐘熱度，怎麼辦？

Twiggy (陳卓琪) 的故事

我們都有「身懷絕技」的強項

有人讀書成績好、有人繪畫能力好、有人精於音樂，而我的強項則在於體育運動。隨著漸漸長大，經歷多了，讓我明白體育運動原來更彌補了學科成績欠佳的挫敗感。

勝負其次，鼓勵事大

雖然我的學習困難重重，但幸運的是，我成長在一個極度支持我的家庭。父母不單願意給我嘗試機會，甚至和我一起嘗試。

小時候大概因為學業成績欠佳，我容易鬧情緒，對很多事物都沒有信心。我們一家從零開始學習柔道改變了我的心態。

學了一段時間，到小四時我便參加比賽。開始時當然輸多贏少，後來慢慢就進步了。記得有次我和一位男學員交鋒，一開始被他鎖得死死的，但之後我靠著意志和技巧，竟然成功反敗為勝。那次讓我印象深刻的並非勝負，而是爸爸媽媽給我的鼓勵。

體育帶給我的信心和價值

除了柔道，田徑亦是陪伴、鼓勵我的另一位良友。

記得有次，我在同一場比賽裡報名參加六十米、一百米和二百米的項目。不知是否體力有限，我竟然在信心滿滿的情況下敗下陣來。這時候爸爸沒有責怪我，只是引導我反思為甚麼會輸掉比賽呢？可以如何進步呢？從那時候起，我學會了遇到挫敗時不是執著於結果而是要自我反思，以及面對下個挑戰的策略。

很多小朋友可能因為學習成績不好，失去探索其他東西的熱誠，發掘自己強項的興趣。我慶幸父母從來沒有因為我的學習成績，而阻止我嘗試新事物。

很多人都知道我喜歡體育、擅長運動，但若非親身經歷，別人是很難明白體育運動對我的意義。

自從我高小被選進學校的田徑隊，體育訓練就成為我上學少有的期待。不同於難如登天的課本知識，體育帶給我信心，感到自己有價值。

我是個挑戰者

到了英國讀中學，體育帶給我的就更多了。中三那年，我在市中心看到有人學習空手道，我駐足觀看了一會已經對這運動著迷。我回校問校長學校可有空手道班？校長說沒有，但他建議我可以在校籌組空手道俱樂部。

我坐言起行，到市中心直闖那空手道教室，問那位空手道教練能否到學校教授？他竟然一口答應，接著我在學校招募了四、五位對空手道有興趣的同學一起學習。如此這般，我成功從無到有，完完整整地做成了一件我希望完成事情。

不只訓練，我更嘗試了許多和體育相關的位置，如全校的體育隊長。我擔任一些以前從來不覺得能夠勝任的崗位，面對全校師生以英語作匯報。在這些任務中，我學到的是責任感、組織技巧，還有領導能力。

到了後來進入特殊教育的領域，甚至創業，我也是因為有體育基礎和背景，而得到往外國交流的機會，讓我看到別人如何用運動幫助有特殊學習需要的小朋友，讓我大開眼界，從而得到啟發。

在創業過程中，幾乎每天都要解決新的難題。多年的體育訓練造就了我面對困難的毅力，培養我有挑戰者不放棄的心態，只要有一絲希望便想盡辦法，盡全力嘗試。

所以體育帶給我的，不只是上學時多一分寄託、多幾個朋友，它更是磨練了我的心智，在人生不同的課題中得到更多的可能性。

嘗試是發掘強項之本

小朋友也好，大人也罷，每個人都想發光，而每個人都有自己的強項。不過，這些強項並非都是立刻能夠被看見的，也並非所有強項都立刻帶來好處。但是否這就代表強項不必被發掘呢？

所謂強項，就是做自己喜歡和擅長的，從而看到自己的價值，活得更有意義。拿不拿到獎、得不得到別人的認可都是其次，重要的是過程中自己是否發掘、發展得到一些才能。

那如何發現自己的強項呢？就是嘗試。試過才知道喜不喜歡，能不能做到。這實在是簡單不過的道理。

一旦發現孩子的強項，老師和家長最重要是有正確引導，讓他們有足夠的信心和條件去發揮才能。就像那時我選讀體育管理、創立這個教育中心、面對困難時不放棄的心態，這些都是從小四那年我進了校隊後，因為體育訓練而積聚的。

回頭看，我的思維、心態和事業，很大部分都是體育給予我的。所以，打開心扉，往多一些方向走去，樂觀並堅定地走遠一點，每個人也是「身懷絕技」的。

Twiggy母親岑燕華感言

發揮強項定能綻放光芒人生

身為家長，定然想以自己的經驗，讓孩子走少點彎曲的人生路。但每個人的成長軌跡不同，孩子需要經歷高山低谷，在跌跌撞撞中汲取生命養分，才能一步步發掘出自己的強項，找到願意投入拼搏的目標。

找出強項，走出想要的人生

不少家長認為，孩子學業成績大於一切，但書本知識只是學習的其中途徑，孩子發展不應局限在學術範疇，個人的道德建立、意志訓練、興趣培養、解難能力等，都是成長的重要元素。

面對 Twiggy 的學習困難，我明白不能以傳統的學習價值觀定義其進度，所以我轉移從不同角度發掘她的強項。由高小她發現自己有體育的天分開始，一直到在英國讀中學，她都用了相當時間投入到體育訓練中。

我對 Twiggy 這個選擇是深表支持的，我相信孩子的發展，不應該被書本知識束縛。關鍵是他們要找出自己的強項，便能夠找到想要的人生。

主動尋找解決困難方法

記得 Twiggy 在小六畢業時，有老師建議她入讀賽馬會體藝中學，因為該校較著重學生的體育及藝術才華，能夠發揮她的強項。但她父親反對：「讀體育有咩好？搵到食咩？讀工商管理、會計呢啲容易搵到工嘅科目唔係穩陣啲咩？」

體育運動的確在當時的社會，普遍被認為是「不穩定」、「不切實際」的職業，Twiggy 爸爸反對亦是可以理解的。只是「愛」不等於迫孩子選擇一條父母認為「對」，卻不適合其性格的路。

我見過有些年青人為了滿足雙親的要求而讀醫科，畢業後向父母說：「我讀完啦，張文憑俾咗你，我去做自己想做嘅嘢。」這是父母樂見的嗎？

Twiggy 選擇了自己喜愛的科目，她讀得開心之餘，又能夠將自己的強項發揮，即使學習時遇到困難，亦會主動尋找解決方法。

父母參與發掘的重要

如果孩子說：「我唔知自己鍾意啲咩。」那父母便要陪同孩子體驗不同的活動，令他們摸索出自己的興趣。家長亦要觀察孩子有否認真嘗試？會否半途而廢？聆聽他們的心聲，才可以有效引導孩子發掘自己的強項。

在尋找強項的過程中，不要讓孩子獨自「摸著石頭過河」，父母要從旁扶持，甚至一起參與。當孩子的信心動搖時，父母要耐心安慰並給予支持，讓他們的意志不會被輕易擊沉。缺乏信心的孩子，做事會畏首畏尾，不敢嘗試新事物，遇到挫折就逃避退縮，這個性格會嚴重影響他們的人生。

Twiggy 後來決定創業，我和丈夫仍然重視聆聽她的分享，又一起討論創業的利弊及需要作出的準備。當她遇到挫折時，我總是在旁支持、傾聽她的難處，鼓勵她振作跨越難關。

無論 Twiggy 的未來如何，我都會以平常心看待。我相信不用為她安排一切，只要她順著軌跡前進，自然會找到自己的目標。

由此可見，只要孩子找到自己的強項，父母再從旁幫助孩子將才華發光發亮，令他們在擅長的範疇發展。沒有人能夠預知，他們未來的人生會綻放出怎樣的光芒。

Twiggy小學老師張嘉敏的驚訝

兒時笨笨都有無限可能

沒見一陣子的朋友，樣子可能會起變化。多年前教過，曾經是沉默寡言、成績欠佳的學生，現在於學業及事業上均有一番成就，感覺自然更加強烈。

師生情緣始於「貼身膏藥」

張嘉敏 (Ms Cheung) 是 Twiggy 小學高年級的體育科老師，因為Twiggy一直為有讀寫障礙而奮鬥，這股堅毅的性格讓 Ms Cheung 深信，只要找到自己的才華，讀寫障礙根本不是障礙。

Ms Cheung 對 Twiggy 的第一個印象是被動及沉默內斂，常常皺眉生悶氣。當大家在場上沸沸揚揚準備訓練及比賽時，她總是在旁一言不發。「但當我給予她機會，又或要她作示範時，她盡責兼做到百分百，用心的完成任務。由於表現得不錯，她被我選到學校田徑隊裡訓練。」

相處一段時間後，Twiggy 成為了 Ms Cheung 的「貼身膏藥」，也因此建立了一直維持至今的師生情緣。

初遇 Twiggy 時，接觸到的是她最擅長的體育科，所以 Ms Cheung 並不知道她術科的成績欠佳。Ms Cheung 漸漸才知道，在田徑隊裡的她，已經是較為開朗活潑的了。

神奇之旅由遇到伯樂開始

及至小六畢業，Ms Cheung 深知 Twiggy 在術科學習有困難，但在體育方面卻頗有天分，便向 Twiggy 母親力薦她入讀體藝。「後來她母親大膽的把她們兩姊妹送到英國，Twiggy 更因此在那裡遇到她的伯樂，便是發現她有讀寫障礙，以及調教她學習方法的老師。」

Ms Cheung 承認，在教 Twiggy 時萬萬預計不到她會有今天的成就。怎麼也想不到這位沉默寡言，成績欠佳的「貼身膏藥」，不單大學畢業，擁有碩士學位，又曾經回到母校任教，現時更發展了自己的事業。

讓 Ms Cheung 印象深刻的，是有次在聯校老師的訓練會上，作為剛入職的Twiggy 在全無準備下，和另一位亦是新入行的男老師被挑選合作做司儀。在她心目中不善辭令的 Twiggy，竟然從容順暢地完成任務。

Ms Cheung 越說越興奮：「她當日在台上識『爆肚』又『執生』，我心想，『呢個係咪我以前認識嘅 Twiggy 呀？好神奇喎！』」

有「特異功能」學生很吃香

數十年來，Ms Cheung 當然遇過各式各樣的學生。她深深體會到，教育並非只是學習中、英、數，更不是試卷右上方的數字。

「咩為之高分？」Ms Cheung 問。「如果孩子攞到九十分，你期望佢下次攞一百分？如果孩子攞到六十分，家長有冇留意佢有高過六十分嘅強項？嗰啲先可能係佢嘅長處，當孩子搵到適合自己嘅落腳點同信心，對佢往後面對任何事都係好大嘅推動力。」

現在環境已經改變，Ms Cheung 說，不少名校會主動出擊，尋找在音樂、體育方面有「特異功能」的學生，學生除了成績亦要有多元發展。家長如果發現子女每天都疲於奔命應付功課，沒有精力及時間發揮他們所長，父母便要考慮替孩子轉校，入讀更能發揮他們天分的學校。

在 Ms Cheung 的定義中，當人能夠輕而易舉，沒有壓力做一件事，表現比一般人突出，這便是天分 (Talent)。有些人天生便有某種天分，有些人需要別人從旁提點。但無論怎樣，天分亦需要栽培及成長。

發揮強項才是他們的人生

身在此山中，難免也有轉不過彎的時刻。Ms Cheung 以身為母親的角度分享，她在教女兒時，往往要求女兒在學業上的表現和自己的能力相若，但忽略了女兒其他更突出的「特異功能」。

直至有人向 Ms Cheung 說：「妳個女彈琴彈得好叻！妳可唔可以好似佢彈得咁叻？」Ms Cheung 才猛然醒悟：「係喎，我只識得喺學業上話佢比我差，但係佢彈琴又確實叻過我好多！」自從那句話之後，她意識到父母要學會並欣賞孩子的優點，接受其差異，才能夠帶出孩子最好的一面。

Ms Cheung 明白母親和老師的角度會有不同，她了解學生卻不代表看到她女兒的強項。所以要抽離，由旁觀者釐清自己的盲點，疏導和孩子的關係，繼而找出他們的強項。

每位孩子都有不同特點，父母最重要是接受自己的孩子。「以讀寫障礙為例，沒有人想自己的小朋友有這個困難，但如果孩子真的有這個狀況，那家長要學習接受。明白這並非世界末日，不是沒有解決的方法。小朋友一定還有其他強項，切勿把注意力集中在讀寫障礙上。」

若證實孩子有讀寫障礙，Ms Cheung 建議家長儘快找專業人士幫忙。因為越快處理，孩子便越早找到適合他們的學習方法。正如穿上一件適合他們的校服，他們才穿得快樂，以至跑得快、跳得高，這才是他們的人生。

Miss Chan（陳卓琪）有話說……

我在本章中邀請到香港大學教育學院教授袁文得分享發掘孩子強項的秘訣

讀寫障礙？那又如何！

古人曾說：「萬般皆下品，唯有讀書高。」這句話的意思是，在所有行業中，只有讀書人最為高尚。那患有讀寫障礙的孩子是否就注定成為「下等人」呢？

香港大學教育學院教授袁文得表示：「不是這樣的！在現代社會中，孩子想要成功，學術能力並非唯一標準，多元發展有著無限的可能！」學術能力是個重要因素，但是了解孩子的生活技能、興趣和潛能也很重要。

袁教授指出：「發掘和開發孩子的潛能有助提高他們的自信心，還可以建立個性優勢。這些優勢是寶貴的資源，能支持孩子在閱讀、寫作和數學技能方面的發展。」

多元智能理論

在八十年代，教育界一直在探討這個具有深遠影響的問題：高智商的人能力是否一定更強？智力與實際能力之間的關係，一直是教育家們想要解開的迷思。直到哈佛大學教育研究院的加納德教授 (Prof. Howard Gardner) 提出多元智能理論，確立了現代教育的發展方向。

這一理論認為，培養孩子的成才應從多方面著手，而非僅僅侷限於學術能力。以下八個範疇同樣重要：音樂智能、肢體動覺智能、語言智能、空間智能、邏輯數理智能、人際關係智能、自省智能和自然辨識智能。

培育創造力和解決問題的實用能力

袁教授表示：「每個有讀寫障礙的人都擁有獨特的多元智能，只要找到他們的優勢，就能夠提高他們的自信心和幸福感。進而將這些優勢轉化為資源，反過來幫助提升語文學習能力，增強學習興趣和參與度。

他補充，找到孩子的優勢對他們的長遠發展，特別是發展孩子的強項十分重要。因為會有助於建立他們的自我認同和價值觀，培育創造力和解決問題的實用能力，這都是他們未來生活中的重要技能。」

智力三元論

袁教授認為，家長可以從孩子的才華和興趣出發，首先讓孩子對自己有信心，他們才能識別自己的強項。

「根據智力三元論 (Triarchic theory of intelligence) 的核心理念，智力可以分為三個維度，包括分析智力、創意智力和實用智力。這三種智力是相互交織的，簡單來說，它們涵蓋了學術、創意和實際操作三方面的能力。這些優勢可以從多個領域，如音樂、運動、空間繪畫等挖掘並進一步發展。」

有些父母不斷讓孩子參加各種興趣班，卻發現他們缺乏恆心，不能全心投入。那麼如何才能找到孩子的多元智能優勢呢？

PDF

袁教授表示，讓孩子參加興趣班是其中一種方法，但實際上還有其他免費尋找強項的方法。「我向家長介紹一種不必花錢的好方法！這個方法叫做『PDF』。」

P (Play time)，即遊戲時間。在這段時間內觀察孩子選擇甚麼遊戲？哪種遊戲他玩得比較得心應手？

D (Down time)，指休息時間。在沒有安排活動的時間裡，孩子在無壓力的情況下會做甚麼？那就是他最喜歡做的事。他可能會安靜下來，也可能唱歌，或者畫畫。

F (Family time)，即家庭時間。孩子在與家人相處時的表現如何？他是否學會了與人相處？他與家人溝通時有何特質？他是否會照顧家人的需求？他在表達意見時是否經過深思熟慮？由此可見，家長的角色非常重要。

袁教授提醒家長，要培養「成長思維」，花時間建立親子關係和信任。在理解的基礎上支援孩子的情緒，欣賞和接納孩子，建立緊密的親子關係，進而鼓勵孩子面對挑戰。無論成功或失敗，都要教導孩子面對，並在困難中學習成長。

AI

他說，隨著人工智能 (AI) 的普及，特殊教育和才華發展結合 AI 將有無限可能。政府正努力推行資優教育普及化，希望減少考試，通過活動發掘學生的才華，培養不同人才，這才是令社會富強的方向。

給家長的四個錦囊

袁教授為有讀寫障礙的孩子家長提出了四個錦囊：

① 觀察孩子的興趣，找出他的相對優勢。

② 配合孩子的風格建立適合的資源和環境。這可能需要有經驗的特殊教育老師協助，因為沒有專業訓練的家長可能無法為孩子建立適合的學習環境。家長可以嘗試與學校合作，安排特殊的學習資源。

③ 為孩子建立適當的生活習慣。家長可以在孩子學習過程中給予鼓勵和指導，同時要確保他們有「PDF」(Play time, Down time, Family time)。

④ 孩子的成功不是一蹴而就的，而是需要循序漸進且不斷調整方向，這是個終身學習的過程。成功並非僅僅體現在學術成就上，我們希望孩子擁有積極正面的態度，對家庭和社會做出貢獻，而非僅僅成為學術上的佼佼者。

活得幸福快樂

作為教育工作者，袁教授祝願每位孩子都充滿自信。「每個人都有自己的優勢和局限，讀寫障礙？那又怎樣？只要活得幸福快樂，不就已經足夠了嗎？」

第十五章

我孩子有甚麼出路？

- 我如何幫助我孩子選擇合適的中學？
- 我如何得知一間中學在支援 SEN 學生上做得好？
- 我孩子中、英、數都很差，將來如何找工作？
- 我孩子在中學時期可以作甚麼準備？
- 我孩子讀完中學後可以有甚麼選擇？

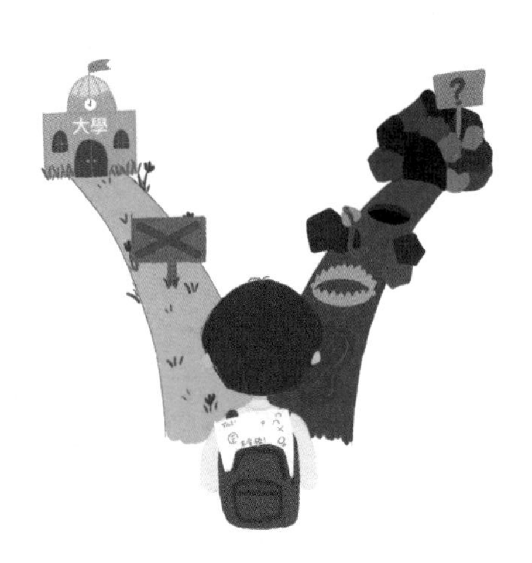

Twiggy（陳卓琪）的故事

每個人都有亮點，亮點就是出路

我們很多時都會覺得，自己和別人總有些分別，是個很「特別」的人。但其實並非因為我做了甚麼而變得特別，而是認知到我有「特別的亮點」，於是在不同的人生階段作出我的選擇，成為了今天的樣子。

探索和緣份的結果

我讀第十二班（即相等於香港的中六）那年，三個學期考試都不合格。老師說，以這個成績我不可能考上大學，並建議我不如找工作。那天我跑到學校附近的小樹林大哭了一場，一來我感到辜負了辛苦供我讀書的父母，二來我覺得自己的前途黑暗一片。

當然現時的心境和當時截然不同，事過境遷，攀過了高山低谷，更發現了自己的亮點，我的學習和事業，才沒有當時想得那麼無望。

無可否認，「體育」是我的事業的起步點，一路走下來，對於以前那個有學習困難的女孩來說，有今天的成果，是探索和緣份的結果。

讀中學時，學校做了個評估，讓學生了解自己將來適合投身的工種。我的評估結果是，我適合從事「警察、護理、教育」相關的行業。

課外活動經驗被重視了

學業成績是重要的，但因為我積極參加各項體育活動，在學校也是體育活動的領袖生，加上獲得的多個獎項，成為我後來報讀專上學院的優勢。三間中有兩間給我「有條件取錄」，一間取錄我讀幼兒教育，另一間收我讀運動科學，我最終選擇了後者。我的課外活動經驗被重視了。

大量的課外履歷加上不俗的體育成績，我成功進入大專院校修讀體育管理。原本我選修運動科學，但要修讀很多運動機能學及生理學的知識，這並非我的強項，我怕力有不及，所以改修體育管理。

選讀了適合自己的科目，讓我更有自信，更享受學習，這真是正確的決定。我以全科優異成績畢業，回港後得以考進香港大學。

在我的學習、事業生涯中，很多轉變和機遇並非從天而降，看上去好像有點「幸運」，但其實是屬於「越努力越幸運」。

就像我暑假回港時，為一位從商的家長舉辦遊戲小組，他認為我有做生意的潛質，還鼓勵我創業。我本來就有這個想法，再加上他的鼓勵，我創業的種子就這樣被栽種了。

投入了、精進了，都是出路

那怎樣規劃自己的出路呢 ？ 說來並不複雜。首先是要及早發掘自己的興趣，就像我小時候，爸爸媽媽已經很在意我的喜好；再來就是容許探索，小朋友擁有足夠的空間去探索未知，是發掘潛能的一大要素。

記得我十六歲開始，每年暑假回港，媽媽便要我找各種暑期工。我組織過活動小組、在牙醫診所做助理、在英國酒吧做調酒師等。這些工作讓我體會到，與人相處以至組織活動的方法都大有竅門，是探索自己強項和興趣的重要一環，更是課堂上課本上學不到的。

學習固然重要，它讓我們有更多選擇，但在其他領域，那怕是廚師、調酒師、理髮師也是各有學問，各有難度。投入了、精進了，都是我們的出路。

作為教育工作者，希望家長和學校可以輔助小朋友發掘他們的興趣及強項，而不是代他們決定其出路。無論讀書還是工作，發揮自身的長處才是最重要。因為每個人的亮點都不一樣，但每個人都有亮點。

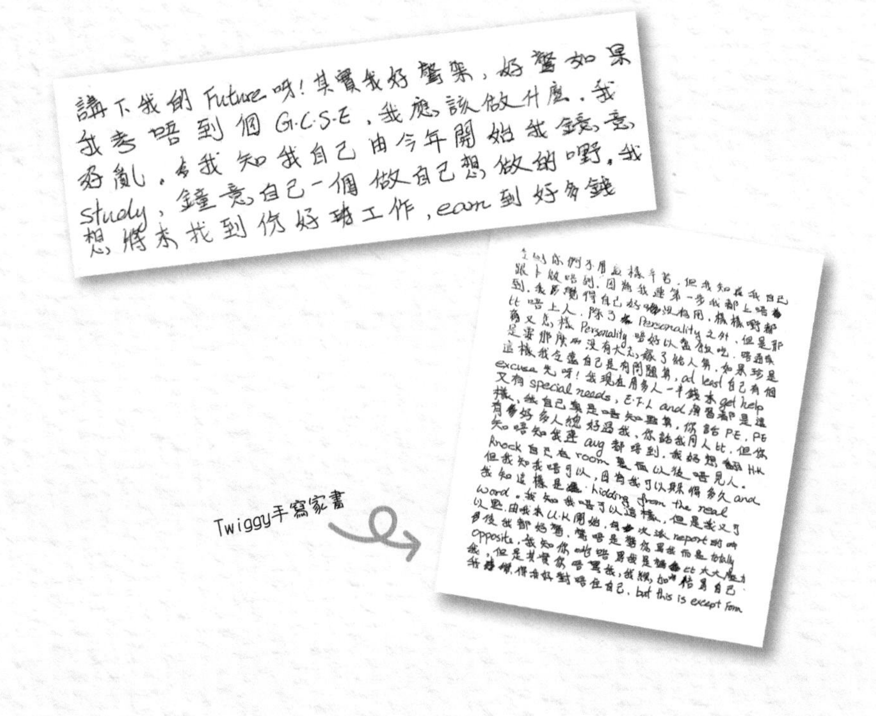

講下我的Future吖！其實我好驚架，好驚如果
我考唔到個G.C.S.E，我應該做什麼。我
好亂。我知我自己由今年開始我鍾意
study，鍾意自己一個做自己想做的嘢。我
想將來找到份好好工作，earn到好多錢

之所以你們不用這樣辛苦，
跟下做唔到。因為我連第一步我都上唔
到。我覺得自己好沒有用，樣樣嘢都
比唔上人。除了Personality之外，但是那
爾又怎樣Personality唔好以為做吃。唔通我
是要那麼沒有大志嫁了給人算。如果真是
這樣我會盡自己是有問題算，at least自己有個
excuse先吖！我現在用多人一半錢來get help
又有special needs，E.F.L and 用多都是這
樣，我自己真是唔知點算。你話P.E，PE
有好多人總好過我，你話我同人比，但你
知唔知我連avg都唔到。我好想回H.K
Knock自己在room裏面以後唔見人。
但我知我唔可以，因為我可以躲得多久 and
我知這樣是hidding from the real
word。我知我唔可以這樣，但是我又可
以點。由我來U.K開始，每次成績report的時
候我都好驚。驚唔是驚你罵我而是totally
opposite。我知你哋唔罵我是大大壓力
我，但是其實你唔罵我，我覺得自己
好對唔住自己。but this is except from

Twiggy手寫家書

Twiggy母親岑燕華感言

那怕路彎，總能找到出路

孩子成績不好不等於能力不好，成績欠佳的只要肯努力，所謂「三百六十行，行行出狀元」，耐心發掘出他們的興趣及強項，總是會找到一條出路。

證書只是「踏腳石」

當年 Twiggy 在英國唸十一班（相等於香港的中五）時，找到適合她的讀書方法，成績有很大的進步。我和丈夫商討後，決定支持她繼續唸十二班的文法中學。可惜隨後一年她的成績卻「全軍覆沒」，老師甚至勸她放棄升學轉而工作。在這個抉擇的關頭，我和丈夫飛到英國和她一起面對。

經過多番討論，我們決定讓 Twiggy 轉讀專上學院，修讀實用文憑課程。當時她對幼兒教育和運動這兩個學科感興趣，結果選擇了唸運動的課程。我是欣然接納的，我認為只要找到她喜歡的，這張證書只是她進入社會的「踏腳石」。

我們在選校時考慮了幾方面的因素：包括住宿、學費、學校排名、支援等等。幸運地我們找到一間不錯的專上學院，由於 Twiggy 並非住宿舍，我坦言說：「宜家支出增加咗，妳需要外出兼職幫補生活費。」

Twiggy 這條升學路可能比一般孩子行多了，轉的彎多了。但無論怎樣她讀的文憑課程豐富了她的學歷，對她將來繼續升讀大學，又或者就業都有幫助。或許當時對她未能升讀文法中學，我感到有少許失望，但我卻沒有對她的出路感到憂慮。

不過當時身邊很多人都說，我們想得太理想了，還是實際一點好。但我們慶幸當時的堅持，讓 Twiggy 不是走一條較「實際」的路，而是走一條屬於她自己「理想」的路。

功課美輪美奐令我吃驚

記得 Twiggy 翌年暑假回港時，她向我展示在院校做的作業，我大吃一驚，她的功課不但做得十分認真，還可以用美輪美奐來形容，具備專業水準，足證她非常用心投入學習。「佢係學校第一個獲得全優異成績畢業嘅華人學生，佢係應得嘅，我感到好欣慰。」

父母除了要放手讓孩子學習感興趣的科目，也要懂得為他們鋪路。回想 Twiggy 讀中學暑假回港時，我鼓勵她到福利機構教小朋友學英文，亦由此開啟了她對幼兒教育的興趣及專長。

所以說，父母要了解及接納孩子的特質。明白到即或孩子有學習困難，但只要孩子找到自己喜歡的強項，他一定會找到動力向前行，走出適合他自己的路。那怕這條並非順暢的筆直大道，只要方向正確，轉多兩個彎總能到達目的地。

Miss Chan（陳卓琪）有話說……

我再次請到香港紅卍字會大埔卍慈中學潘啟祥校長，分享讀寫障礙孩子的出路。

找到自己的目標及熱情所在

子女被讀寫障礙所困，學習路上滿是荊棘。想到孩子的前途與就業，家長難免憂心忡忡。其實，傳統術科成績欠佳的學生，同樣可以闖出一片天，關鍵在於是否能夠在充足支援下，發掘個人的特質，朝他們的強項方向進發。

透過多元學習探索未來

香港紅卍字會大埔卍慈中學照顧有特殊教育需要的學生特別出色，校長潘啟祥說：「學校課程除了重視學術的栽培，亦致力安排多元學習，讓學生透過不同學習經驗探索未來。」

學校一直強調學生的多元發展，希望學生在學術外，於其他方面都能夠找到自己的強項及熱情。潘校長舉例，為方便學生在假期參加不同的活動，發掘興趣與強項，學校會把考試安排在長假期前進行。

日常的課堂時間表亦同樣配合這個理念，初中學生星期一課後要留校一小時，從二十一個興趣項目中選取一個參加。「每年有三個學期，每位學生最多可以讀三個興趣班，三年便讀到九個。」學校期望幫助學生找到堅實的興趣作多元發展。

「學生在初中時期要多作嘗試，建立學習動機。升上高中後，才嘗試配對性格特質與職業。」潘校長認為，愈多嘗試，對世界、對自己愈容易提起動力，找到屬於自己的出路。

在學業上備受打擊的 SEN 學生，往往對很多事情都缺乏動機和興趣，這是升學就業最大阻礙。透過興趣培養提升學生的內在動力，是幫助他們發展的良方。

應用學習科拓闊發展出路

多元活動亦有助學生培養職場所需要的軟技能。「學生將來的前途往往與溝通技巧息息相關，不論是否 SEN 學生還是資優生，同樣也要進入職場與人溝通。」學校因此要初中生必須參加一種制服隊伍，在團隊中體驗跨齡溝通。

至於高中生，除了四個核心及兩個選修科，必須修讀第七科，就是「應用學習」(Applied learning)。這個科目不用考香港文憑試 (DSE)，完成課程後評估為最高級別者，獲取相等於 DSE 的 level 4 成績。

應用學習科設五大課題，包括「運動與體適能」、「資訊科技」、「幼兒護理」、「咖啡及甜品製作」及「美容」，學生可以五選一。學校邀請校外機構以「包班」形式將課程引入校內，由專業導師進校授課，老師在課室中支援再跟進課後習作。

潘校長強調，應用學習並非一般興趣班，而是符合考評局的課程要求，幫助學生在學術科目外獲取 DSE 的同等資歷。

不僅如此，政府資助每位學生修讀兩個「應用學習」科目，故此學校鼓勵學生在校內修讀一科的同時，在週末於其他機構再讀另一科。「即使學生難以掌握傳統術科，DSE 成績亦最少有兩科合格，有助拓闊生涯發展出路。」

有「興趣」總比沒有「興趣」好

學校又會推行「堅趣」計劃，資助學生在校外修讀興趣課程，讓他們發掘堅實的興趣及強項。潘校長指：「興趣是否最終成為職業，受很多因素影響。但無論如何，有『興趣』總比沒有好。也許他們在生命中某個時刻，忽然記起自己的興趣，成為人生新的契機。」

因此生涯規劃組老師會為學生製作個人檔案，詳載他們的目標、興趣、性格特質，做簡單的職業配對。學校又會與不同機構合作，為學生安排實習機會，工種包括公共運輸、餐飲、中醫、酒店房務等。

潘校長補充，中四、五的班主任有定期約見學生的任務，紀錄其學習進度、成長發展、行為情緒。有別於一般學校只有兩名駐校社工，卍慈中學更另覓資源加聘兩名駐校社工，其中一人專責跟進 SEN 學生的生涯規劃，全方位裝備學生成為獨立、有目標的人。

踏上適合自己的路

學校的教學方針及目標，並非以學生的 DSE 成績以及升學表現為中心。學校的畢業生中，約有十多個百分比升讀學位課程，包括入讀本地、內地、台灣的大學，更多學生會進入職業訓練局（VTC）轄下的學院。部分有智障的學生則接受特別培訓，學習不同的職業技能。

潘校長認為，學校最值得自豪的，並非有多少學生升讀大學，而是不同能力的學生可以共融，朝著適合自己的方向發展。

總體而言，學校量度教學成效的準則，是學生畢業後，能否於三個月內踏上適合自己的路。「我們不是追求考試合格，即使合格，人生也可以沒有目標，最重要的是讓學生找到自己的熱情所在！」

第十六章

我孩子有將來嗎？

- 我孩子將來可以做甚麼職業？是否只能夠從事體力勞動的工作？
- 我孩子能夠養活自己嗎？
- 文字能力較弱會影響我孩子晉升機會嗎？
- 我孩子有優勢嗎？如何把這些優勢發揮得淋漓盡致？

Jason、Beatrice和Christopher的故事

我的「缺陷」正是我將來的優勢

有讀寫障礙的孩子總要付出雙倍、甚至三倍努力，才能跟上學習進度。我邀請了三位克服了讀寫障礙的年青人講述他們的故事，他們現在不論在學業、社交及事業上都找到自己一片天。他們的對談集中在學習及做人做事的態度，從分享中父母會領略到為何讀寫障礙的孩子一定有將來。

Beatrice 現時修讀時尚商業管理碩士課程、Christopher 在香港一間大銀行服務了十四年，而 Jason 則是電商產品合夥人。他們的對談由學習開始。

Jason：我到美國升讀大學，主修國際研究，副修歷史。知道的人都很驚訝：「你捉蟲啊，你有讀寫障礙竟然讀呢啲文科？」

我讀的那間大學很照顧有讀寫障礙的學生，如延長考試時間、提供隨堂筆記，以及可以用口述答題代替書寫等。所以面對他們的質疑，我依然「企硬」，相信自己並不比其他人差，甚至可以將所謂的缺點轉變為長處。

Beatrice：中學時到英國讀書為我帶來一些改變，開始時還跟得上課程，一段時間後，我只能在藝術和體育科保持專注，其他的學術科目我都無法理解，讀書的壓力令我有些喘不過氣。

中學畢業後我入讀了一間藝術學院，期望在創作中找到一席之地，發揮到自己的長處。但我很快發現，學院裡比自己更有創意的人多不勝數，好不容易建立的信心又再受衝擊，彷彿自己任何事情都無法做到。

我迫自己繼續努力，終於考上大學並主修服裝設計。可惜大學畢業後發現，這門專業在市場上不太具競爭力，我又再次陷入「我可以做甚麼」的困境。

結果我又轉了跑道，很慶幸我仍然有選擇出路的機會，回到香港修讀時尚商業管理碩士課程，從藝術跳到商界。驚訝地，我每科都取得 A 或 B 的優異成績，這是我從未有過的，我以為找到真正的出路。

到今個學期，教授給予不少堂上練習，要求我們在十五分鐘內設計具創意的市場數據分析報告。如此緊湊的課程，又再次將我帶回讀小學時的痛苦回憶，自信心又開始下滑了。

Jason：現在 Beatrice 所經歷的事，其實是份莫大的禮物。因為信心並非天生就存在，而是在經歷挫折、克服、沉澱後慢慢建立。

其實 Beatrice 有許多強項，只是還未鑽研怎樣發展。你可以先訂立比自己能力高一點的目標，懷著挑戰自己的態度，慢慢解鎖那些優點，再將不同的優點融合成屬於自己的長處。千萬不要迫自己一定要達到，這樣才會建立出真正的自我。

Christopher：Beatrice 還在讀書，對前路迷惘十分正常。當踏入社會後便會發現世界很大，因此要堅持追求自己的目標，不需要顧慮別人的看法。

我記得父母很了解我的難處，不會在學業上對我施加太大的壓力，甚至鼓勵我：「我哋唔需要你考高分，淨係希望你 keep 住努力。遇到冇你咁叻嘅人，你咪幫下佢哋囉，叻過你嘅，亦唔需要同佢比較。叫佢教下你，睇下自己可唔可以變叻啲。」他們的態度，潛移默化建立起我的學習信心。

Jason：我成長於較傳統的家庭，媽媽有時會因為我的學業成績未達標而責打我，這經歷反而訓練出我堅強的性格。爸爸則相反，他經常說：「成績點都冇所謂，做到你想做嘅嘢就得。」兩種截然不同的教導方式，令我找到平衡點，有空間發掘自己的將來。

讀書不是我的強項，但我卻完成碩士課程，背後的動力一是來自我的「求生欲」！我需要學習到技能來維持生活，二是我想證明：「讀寫障礙嘅人，並唔會弱過正常人。」

Beatrice：我的學習動力來自運動，是建立我的信心的關鍵。每次的訓練及比賽，我都感受到進步，知道自己是有價值的。即使失敗了，我內心都有勉勵自己的聲音，相信下次會做得更好。

正因為這種從運動而來的滿足感，加上父母的鼓勵和幫助，讀書雖然辛苦，但我也不會輕言放棄。

Jason：曾經聽過一個講座，指出若要找到學習的動力，離不開「ESP」，「E」是「Enjoyment (享受)」、「S」是「Satisfaction (滿足感)」、「P」是「Purpose (目標)」，集齊了這三個特質，使我不遺餘力地投入學習。

學習的動力是來自動機，首先明白為何要學習，而非先找尋學習的方法或捷徑。當你對學習感到興趣，隨後的困難都會迎刃而解。

Christopher：讀寫障礙確實令我們的人生較辛苦，自從我被評估出有讀寫障礙後，很多人不看好我。但我經常告訴自己：「盡力去做，即使輸咗十次，只要第十一次成功我已經好開心！」因為讀寫障礙，教曉了我凡事都要堅持，遇到挫折只要不斷嘗試，始終都會找到解決方法。

我不但大學畢業，更在一間規模很大的銀行工作了十四年，晉升至管理層，有自己的團隊。我相信，任何一位有讀寫障礙的孩子，也可以找到屬於自己的人生。

Jason：讀寫障礙正是上天的恩賜，讓我們自小便在掙扎的過程中成長，以家常便飯的心態面對各種風浪。當別人無法承受人生的磨難時，我們仍然能夠自信地迎難而上。

加拿大有間大學，用了十年時間研究出「讀寫障礙嘅人做生意比正常人強。」這個結論並不代表我們特別聰明，或者更有生意頭腦，而是我們「跌得多、跌得重，但係就可以好快爬翻起身。」

以我為例，當初讀碩士時經常自問：「點解人哋三日就睇完一本書，我睇三年都未睇完？」完成碩士課程後，現在三小時便看完一本書。這個改變全因為自己的堅持，證明讀寫障礙並非缺憾，只要有恆心便能夠克服，甚至成為優勢。

Christopher：社會標準認為「有錢等於成功，讀到大學先至搵到工」，我覺得只是個迷思。因為「成功」的定義人人不同，即或賺到「盆滿缽滿」，但過著自己不喜歡的生活，這可以稱為「成功」嗎？因此，最重要是隨遇而安，找到自己有興趣的生活和工作，慢慢便感受到真正的快樂。

另一個幫助我找到目標是信仰，甚至可以說訂立了我人生的「Mission（使命)」，令我經歷任何失敗，受到各種冷眼批評，都可以保持著「意見接受，部分態度照舊」的回應。不求他人的認同，只要上帝明白我，有祂的指引便足夠了。

後記

不斷探索、善用優勢為孩子將來之本

可能有人會想，一個有讀寫障礙的人可以順利完成中學、有大學學位，甚至拿到碩士的學歷，之後找到不錯的工作，還成功創業，一定是克服了讀寫障礙的困難，才能完成這麼多成就。

把不可想像的事變成可以想像

曾經在學校科科「包尾」的我，何曾想到可以成為一間機構的創辦人？我自己也想不到。中學畢業後，雖然被學校勸退，但因為堅持下來贏得的體育獎項，一間專上學院取錄了我。學院的學習模式讓我能夠發揮所長，得到全優異的成績得以回港後入讀大學。

初讀大學時，因為追不上成績，我亦曾經被導師勸喻轉科。轉科之後，我加倍努力，才能取得好成績，期間更得到不同的獎學金。之後我繼續讀畢碩士，成為老師，繼而創業。

在我當老師時，接觸到很多有特殊教育需要的學生，啟發我讀特殊教育及社工碩士學位。得到碩士學位後，因為自身的經歷，一股勁便成立一間教育機構，希望將我學過的學習技巧教導和我一樣的學生。機構亦贏取多個獎項，幫助了三千個家庭。難道真的是這麼一帆風順？

由於這段經歷，在很多人的眼中看來我很「成功」，也不能說他們錯，我的確克服了很多，也學習及進步了很多。但有讀寫障礙其實是一輩子的事，即或是我在跟你們談話的當下，我依然是個受這障礙影響的人。

別人說不行並不代表真的不行

這些年來，讓我跨越種種難關，我首先想到在英國讀中學時遇到的恩師，他教曉了我問問題。這是十分重要的一步，知道自己不明白甚麼，了解的又是甚麼，有了這個思維才能問到問題，那是我第一次發現原來自己是有能力讀書的。

在大學時期，雖然上課時有課堂筆記，但大多是點列式的，而且都是重點。很多時課題和課題之間沒有足夠的連繫，溫習起來並不容易。所以很多時我還是要參考不同書籍的目錄，再歸納放進自己的思維地圖裡整理。

我雖然基本上解決了寫字的問題，但會寫並不代表可以寫出好文章，以及用文字完成功課。因為這是需要有嚴密的邏輯和連貫的思維，和對事物的理解。所以對我來說，要順利用文字完成任務，是需要對學習的內容有親身體驗，例如讓我實地參觀體育中心便顯得十分重要。

所以說，別人說我不行，並不代表我真的不行。重要的是有否主動求問、學習的態度，更不要害怕找幫手。鍥而不捨找尋適合自己的學習及工作方法，再堅持下去。

主動找幫忙不可少

出到社會工作遇到的困難又是不一樣。相對求學時，被照顧的時間少了很多。

就像當老師時，開會是常態，短則半小時，長則三小時。在不能錄音下需要為會議做記錄，沒有錄音代表我不能錯過每一句說話，有時甚至還要快速把一種語言轉換成另一種語言，對我來說實在不容易。

我只能用上所有的專注力，並且觀察旁人，發現有同事的記錄寫得很詳盡，便在會後借來參考，核對內容確保無誤。

將劣勢變成優勢

回想起來，在不同的人生階段，我一直遇到各式各樣的挑戰，也一直在奮鬥。這段讀寫障礙之旅很崎嶇亦很艱辛，我之所以可以咬緊牙關走到今天這一步，離不開「堅毅」這兩個字，亦離不開身邊的人的支持。

我經常說，有讀寫障礙的孩子會遇到比別人多的困難，但從我的人生經驗中，每個人只要不放棄，就能夠找到自己的出路。讀寫障礙曾經對我是個負面的標籤，是其他人看來的劣勢，但我覺得驕傲的是我將自己的劣勢變成優勢，因為有讀寫障礙，我看的世界和別人不一樣。

我這雙「特別」的眼睛看字不靈光，但我獲取另一種技能，就是讓我能夠快速識別一些他人會忽略的問題及得出解決方法，亦比別人更容易找到不同事物當中的規律。

讀書是個漫長的過程，學習更是個終身的課題，我創立「博雅思教育中心」亦是希望有讀寫障礙的孩子能夠看得見他們的強項，運用他們的優勢及看世界的模式去填補他們的劣勢，將來找到自己的出路貢獻社會。

在此我必須感謝替這本書寫序文的三位前輩及好朋友，冼權鋒教授、陳淑明女士及羅乃萱女士，你們在我的學習及創業路上給我很多指導及鼓勵。我亦要多謝接受我們訪談的袁文得教授、孔偉成校長及潘啟祥校長，你們對選校及孩子出路的看法，定會帶給讀者及家長很寶貴的參考價值。

因為出版這本書，讓我有機會重溫和張嘉敏老師昔日的情誼。感謝妳撥冗出席我們的訪談，細數我成長的往事，妳可以說是我當年的第一個伯樂。當然還要多謝我的好妹妹 Carlie、我的學生 Morris、Curtis 及他們的父母，三位年青人 Jason、Beatrice 及 Christopher，你們真摯及毫無保留的分享，讓有讀寫障礙的孩子及父母帶來極大的鼓舞及安慰。

我不是笨笨

— 從讀寫障礙眼睛看世界 —

作者　陳卓琪、岑燕華

策劃及編輯　林志成

協力　黃治熙、陳耀霆、鍾鎧汶、陳淑安、康家敏

插畫　康家茵

設計　周珮晶
www.instagram.com/3rddays

出版　印象文字 InPress Books
香港火炭坳背灣街 26 號富騰工業中心 10 樓 1011 室
(852) 2687 0331　info@inpress.com.hk　https://www.inpress.com.hk
InPress Books is part of Logos Ministries (a non-profit & charitable organization)
https://www.logos.org.hk

發行　基道出版社 Logos Publishers
(852) 2687 0331　info@logos.com.hk　https://www.logos.com.hk

承印　新堡印刷製作
www.symbolprinting.com.hk

出版日期　2024 年 7 月

產品編號　IB713X

國際書號　978-962-457-657-3

售價　港幣 128

印象文字網頁

刷次	10	9	8	7	6	5	4	3	2	1
年份	33	32	31	30	29	28	27	26	25	24

我靠著那加給我力量的，凡事都能做。

（腓立比書四章13節）

I can do all things through Christ
who strengthens me.

(Philippians 4:13)